国家电网
STATE GRID

国网安徽省电力有限公司
STATE GRID ANHUI ELECTRIC POWER CO.,LTD.

供电企业现场安全监督检查工作手册

国网安徽省电力有限公司　组编

中国电力出版社
CHINA ELECTRIC POWER PRESS

内容提要

本书对提升安全督查工作效能、规范督查流程具有很好的指导作用。全书分为 5 章：第一章概述介绍了现场安全监督检查的目的、要求、内容、流程及督查方式；第二章通用安全监督检查介绍了作业计划执行、人员安全履责、作业文本规范、队伍及人员准入、工器具及球机使用；第三章变电专业安全监督检查介绍了基础施工、变压器解体及更换、设备安装、电气接入、GIS 设备检修、开关柜检修、线路参数测试；第四章输电专业安全监督检查介绍了基础施工、组塔施工、架线施工、跨越架施工、拆旧施工、线路检修；第五章配电专业安全监督检查介绍了机械立杆、架空线路施工及检修、柱上变压器检修及更换、电缆施工及检修、箱变和环网柜等设备停电检修、绝缘手套作业法带电组立电杆、带负荷直线杆改耐张杆加装柱上断路器、绝缘手套作业法带电断接引线、绝缘杆作业法带电断接引线。

本书可供供电企业从事作业现场安全监督检查的技术及管理人员阅读使用。

图书在版编目（CIP）数据

供电企业现场安全监督检查工作手册 / 国网安徽省电力有限公司组编 . —北京：中国电力出版社，2023.10（2025. 6重印）
ISBN 978-7-5198-8228-0

Ⅰ . ①供… Ⅱ . ①国… Ⅲ . ①供电 – 工业企业 – 安全检查 – 手册 Ⅳ . ① TM72-62

中国国家版本馆 CIP 数据核字（2023）第 195743 号

出版发行：中国电力出版社
地　　址：北京市东城区北京站西街 19 号（邮政编码 100005）
网　　址：http://www.cepp.sgcc.com.cn
责任编辑：穆智勇（zhiyong-mu@sgcc.com.cn）
责任校对：黄　蓓　王海南
装帧设计：赵姗姗
责任印制：石　雷

印　　刷：三河市万龙印装有限公司
版　　次：2023 年 10 月第一版
印　　次：2025 年 6 月北京第三次印刷
开　　本：787 毫米 ×1092 毫米　16 开本
印　　张：18
字　　数：278 千字
定　　价：90.00 元

编写组

组　长　赵学会

副组长　秦　浩　肖国德　金甲杰　张宽杰

成　员　张　贺　贾　堃　项　磊　祁　麟　刘　涛
韦国栋　张　斌　朱　宏　张卫义　吴　翔
王　严　解经天　高　黎　宣　扬　仲　政
孙晓宇　贡　浩　张蔚翔　张少波　张　明
王绍亚　景　瑶　张龙飞　陈猛猛　陈兴宗
武　静　杨　军　周宜平　倪赵青　朱　贺

前言

作业现场安全督查是安全生产监督管理的基础性工作，只有抓住关键环节、关键部位，及时发现并消除安全隐患，才能有效防范风险，预防事故。为进一步提高作业人员反违章能力，有效辨识和管控现场作业中的违章行为，强化现场作业人员对上级管理要求的执行力，避免违章行为重复出现，增加督查人员违章查纠能力，第一时间发现违章、纠正违章、查处违章，保证安全督查的深度、时效满足当前反违章工作要求，编写了这本《供电企业现场安全监督检查工作手册》。本书由国网安徽省电力有限公司组织编制，旨在帮助从事作业现场安全监督检查的作业人员按照不同现场类别、不同督查要点，查询督查内容，参照对应的案例，科学、依法依规进行作业现场安全督查，促进现场作业安全、组织、技术措施不断改进，杜绝发生各类人身事故和人员责任事故，实现安全工作的“可控、在控、能控”目标。

本书对提升安全督查工作效能、规范督查流程具有很好的指导作用。通过对本书的学习，可以加强对现场违章的辨识和管控，避免安全事件发生、提高现场作业安全水平，同时提高各级人员安全督查能力，及早发现违章、及时处理违章，降低被上级违章查处的可能性，保证安全管理指标能控、在控。

本书的编写得到了国网宿州供电公司的大力支持，由于现场安全监督检查工作细节较多，加之时间所限，书中不妥之处在所难免，敬请读者和同行给予批评指正。

编者

2023年9月

国家电网安全文化体系

安全愿景：人人讲安全，公司保安全。

安全使命：守护员工生命，保障电力供应。

安全目标：三杜绝三防范。

安全方针：安全第一，预防为主，以人为本，综合治理。

安全理念：安全第一、人人尽责、重在现场、事前预防、真抓实干、铁腕治安、久久为功、守正创新、安全效益、共享平安

目 录

CONTENTS

第一章 现场安全监督检查概述

安全第一

人民至上、生命至上，保护人民生命安全和身体健康可以不惜一切代价！

——习近平总书记在参加十三届全国人大三次会议内蒙古代表团审议时的讲话（2020 年 5 月 22 日）

第一节　监督检查目的

作业现场安全督查是安全生产监督管理的基础性工作，只有持续不断地做好现场安全督查工作，才能有效防范风险、预防事故。近年来，国家电网公司连续发文，不断加大对作业现场安全督查及反违章工作力度，将严重违章等同于安全事件进行处罚，对重复性违章扣除企业负责人绩效，对人的处罚上升至行政处分层面，对现场作业过程的规范性、现场安全措施的完整性提出了更高要求。

通过开展现场安全监督检查工作，可以提高现场作业人员自主反违章能力，将违章管理关口前移，及早、及时对现场违章进行管控，实现如下目的：

（1）能够加强对现场违章的辨识和管控，避免安全事件发生、提高现场作业安全水平。

（2）提高各级人员安全督查能力，及早发现违章、及时处理违章，避免违章持续存在，升级演变成事故的可能，坚决守住安全生产生命线，为建设具有中国特色国际领先的能源互联网企业提供坚强保障。

第二节　监督检查要求

现场安全督查严格执行“四不两直”[1]要求，督查人员应通过“自行租用或自带车辆、自行安排食宿、提前查询作业点”的方式，对工作现场开展安全督查工作，不得向被督查单位泄露检查时间和地点，确保督查工作实效。

[1] “四不两直”指不发通知、不打招呼、不听汇报、不用陪同接待、直奔基层、直插现场。

一、落实督查责任

督查人员坚持公平、公正原则，严格执行现场安全督查标准，确保全过程规范督查。如因督查人员检查深度不足、问题反馈不全面、现场安全状况判断不准确等放任现场安全管理失控或引发安全事故的，督查人员须承担相应责任。

二、确保督查过程安全

督查人员应注意交通安全，不得违规责令司机超载、超速、疲劳驾驶；雨雪、冰雹、强风、浓雾等恶劣天气，应避免进入有潜在危险的施工场地；不得越权指挥现场施工人员作业；尽量做到不影响现场正常生产活动；在高空作业及交叉作业等区域，须注意防范高空坠物、设备倾覆等危险。

三、严守督查纪律

督查人员须恪守员工职业道德，严格执行“八项规定”和廉洁自律规定，严禁接受被督查单位的宴请、礼金、礼品，严禁参加被督查单位安排的与工作无关的活动。

第三节　监督检查内容

作业现场安全监督检查内容如下：

① 检查作业内容是否与作业计划一致，是否存在无计划作业或超范围作业情况。

② 检查现场勘察记录、“三措”（组织措施、技术措施、安全措施）、工作票等作业资料是否齐备、正确，保障安全的组织、技术措施是否规范执行。

3. 检查作业单位、人员安全准入情况，是否与工作票所列人员相符。

4. 检查作业现场安全工器具、特种设备等机具装备进场报审等情况，是否按周期试验并正确使用。

5. 检查“三种人”（工作票签发人、工作负责人、工作许可人）、到岗到位人员安全履责情况。

6. 检查作业现场安全风险管控情况，是否存在风险辨识和管控不到位的情况。

7. 检查现场作业人员安全文明施工、安全要求执行落实情况。

各单位可根据日常生产施工业务特点，在通用督查重点内容的基础上，细化制定本单位现场督查要点。

第四节　监督检查流程

一、督查准备

现场安全督查计划按照“周计划、日安排”原则执行。

各级安监部门根据作业风险分级管控、季节特点、各类安全专项检查等工作统筹各级督查队人员承载力，对现场安全督查周计划提出指导意见。

各级安全督查中心在安全风险管控监督平台（以下简称风险监督平台）中，根据周作业计划，按照各级安监部门的指导意见，制定现场安全督查周计划。根据现场安全督查周计划，在风险监督平台中分解现场安全督查日计划并派发至督查人员。

安全督查人员在收到督查任务后，根据督查工作类型，熟悉作业计划、作业风险点、作业人数、施工（检修）方案、现场督查要点等，确定现场督查关键环节和检查重点。提前准备好车辆、督查证、移动作业终端、执法记录仪、安全帽、工作服等督查装备及必要的应急医疗药品。

督查装备分为两类：一类是通用装备（所有现场），包括安全帽、工作服、安全督查证件、移动作业终端、执法记录仪、应急医疗用品、督查车辆、安全规程和标准；另一类是特殊场景装备，包括风速仪（适用于室外作业现场）、温湿度仪（适用于带电作业现场）、望远镜（适用于高处作业现场）、气体检测仪（适用于深基坑作业现场）。

二、现场督查过程

安全督查人员到达现场后，开启执法记录仪，向现场人员出示督查证，亮明身份，同时在风险监督平台移动作业 App 中签到。对照现场督查标准，采用“考、问、查、看”的方式逐条开展现场安全督查。

1. 现场安全规程考

抽取现场作业负责人、专职监护人、监理、作业人员等，结合作业内容，对安全规程相关条款进行考查，可采用口头或简单书面方式进行。

2. 现场人员询问

询问现场作业人员当天工作任务、风险点及防范建议等；询问监护人、监理人员现场安全措施布置、关键风险点、监护范围、施工（检修）方案等；询问劳务分包人员同质化管理情况等。

3. 现场资料检查

作业现场要检查现场勘察记录、施工方案（“三措”）、操作票、工作票（作业票）等作业资料；施工、监理项目部驻地要检查项目部、作业层班组成立文件、承分包合同、安全协议、特种作业人员、特种设备、施工机械进场报审、监理日志、旁站记录、签证记录、监理整改通知单等作业资料。

4. 安全措施查看

现场检查近电作业防感应电、高处作业防高处坠落、开关柜检修防触电、组塔架线防倾覆、有限空间作业防中毒窒息、深基坑开挖防人员防窒息等高风险作业安全措施落实情况。

现场督查结束后，在风险监督平台移动App中签退，汇总现场问题曝光违章情况，编写当日督查总结。

三、违章处置

督查过程中发现违章，应立即予以制止纠正，并按照违章处理流程进行处置。对发现严重违章或存在重大安全隐患的现场，督查人员有权责令现场立即停工。

1. 违章曝光

对现场督查发现的违章，在风险监督平台移动App中立即抓拍，记录违章信息并第一时间在风险监督平台进行曝光。

2. 违章申诉

违章曝光后，违章人员或违章单位如有异议，由违章人员所在单位或违章单位的安全管理人员在规定时间内，在风险监督平台中提出申诉申请。

3. 违章发布

违章信息经督查人员所在单位安监部审核后在风险监督平台进行发布；同时对相关单位的申诉材料进行核实调查，同意申诉申请后，在风险监督平台中撤销有关违章信息。

4. 违章整改

确认违章信息后，有关单位和人员要立即进行整改。违章人员所在公司安监部根据违章性质，按照反违章管理办法，对相关违章人员和单位进行处罚。有关违章整改和处罚情况，要在规定时间内上报发现违章单位，并将有关资料上传风险监督平台。

第五节　监督检查方式

监督检查方式有安全巡查、“四不两直”安全督查、三级安全督查、专项安全检查、季节性安全检查和远程视频安全检查 6 种，各方式具体要求见表 1–1。

表 1-1 监督检查方式

方式 要求	安全巡查	“四不两直”安全督查	三级安全督查	专项安全检查	季节性安全检查	远程视频安全检查
行为特点	管理行为	管理行为	专业工作	专业工作	管理行为	专业工作
时间特征	周期性	随机性	常态性	常态性	季节性	常态性
人员构成	领导、管理人员和专家	管理人员和专家	管理人员和安全稽查队	管理人员和专家	管理人员和专家	安全监督中心人员
检查重点	安全管理系统性检查	现场随机抽查	作业现场分级全覆盖检查	专项工作全流程检查	季节性管理要求和作业现场检查	作业现场分级全覆盖检查
牵头部门（单位）	安监部	安监部	各单位	各专业部门（含安监部）	各专业部门（含安监部）	安监部、各单位

一 安全巡查

安全巡查是指各级安全生产委员会全面领导安全巡查，安全生产委员会办公室开展安全生产巡查的组织协调工作，对被巡查单位从安全生产决策部署贯彻、安全目标管理、安全责任体系、安全基础保障、安全保证体系、安全监督体系、双重预防机制、应急管理工作、其他重要事项 9 个方面对安全生产工作开展全面系统性检查。以安全生态建设，强化“一岗双责”和“三个必须”落实，着力解决安全生产突出问题，促进安全管理水平整体提升。

二 “四不两直”安全督查

“四不两直”安全督查是指不发通知、不打招呼、不听汇报、不用陪同接待、直奔基层、直插现场开展安全监督检查。督查组通过各单位安监部收集、调取作业计划，随机抽取作业现场，自行安排交通工具直奔现场，到达现场后，向被督查对象出示督查证件，说明督查范围，采取调阅资料、谈话、抽考、现场检查等方式核查情况，对有关工作措施落实和现场安全生产情况、违规违章行为进行录音、摄像记录。对存在安全管理责任严重缺失、现场关键人员配置严重不到位、安全措施不落实等严重问题的，督查组有权现场制止违章和勒令停工。之后，对督查过程中形成的问题隐患、违章行为进行反馈上传，针对现场发现的严重违章行为和带有典型性的重大问题督办整改。

三 三级安全督查

三级安全督查是指省、市、县三级安全管理人员和安全督查中心对照作业等级，分级对作业现场实现安全督查全覆盖。到岗人员应按“分层分级”原则，切实履行到位要求，到现场、到一线，掌握安全生产实情，解决安全生产问题，督导检查工作组织、作业秩序、安全措施、风险管控等工作开展情况，严肃查处违章现象，防范安全生产风险。

四 专项安全检查

各专业部门对有苗头性、倾向性的安全问题开展的安全专项工作，如电力行业危化品安全风险集中治理、电力建设工程施工安全“四不两直”监督检查、电力行业班组安全建设专项监管、电力安全生产大检查等专项行动。各专业部门制定专项工作方案，细化工作流程，加强组织领导，明确目标任务，把握进度节点，深入开展安全风险、事故隐患、管理漏洞及工作短板自查自纠，能够立即整改的，坚持立行立改；不能立即整改的，均制定工作计划，积极推进整改。

五 季节性安全检查

各专业部门根据当地高温、严寒、雨雪冰冻等季节性特点，提出季节性现场施工安全工作要求，科学制定生产计划，根据生产特点和具体条件，合理安排员工工作时间、轮换作业；适当增加特殊天气下员工的休息时间和减轻劳动强度，切实保障员工的身心健康和生命安全；预防特殊天气下作业引发的各类事故，针对性地开展季节性安全检查。

按照“分级建设、一体化运作”模式，建设省市县三级安全督查中心，配备专兼职安全监控值班人员，配齐配足视频监控设备，依托平台实现作业计划全接入、作业过程全管控、视频采集全覆盖和人员队伍安全准入。值班时间按照“工作不停、监控不断”的原则，根据每日作业计划和现场作业情况开展轮换值班，并合理安排每班监控值班力量，按照风险级别合理制定监控值班计划，对相应风险等级的作业现场进行全覆盖监控，对其他作业现场及下级单位作业现场进行抽查。安全督查中心人员应严肃工作纪律，规范工作用语，不得泄露监控计划，发现违章行为及时制止、记录、上报，不得利用岗位与工作之便谋取不正当利益。

六 远程视频安全检查

第二章 通用安全监督检查

三管三必须

管行业必须管安全；

管业务必须管安全；

管生产经营必须管安全。

第一节　作业计划执行

作业计划执行常见问题包括无计划作业、作业计划与现场实际不符、超计划范围作业等。作业计划管理失控可能导致作业组织无序、作业承载力不足，存在较大的人身安全风险。

一、检查要点

1　作业计划是否纳入线上管控。

2　作业内容与日计划是否相符。

3　实际工程量与已执行计划量是否一致。

二、常见问题

1　日作业计划（含临时计划）未录入 e 基建系统、风险监督平台等。

2　现场作业超出风险监督平台中的作业计划范围。

3　风险监督平台为完工状态，但现场施工人员仍在进行施工作业。

4　风险监督平台中的日计划已取消，但实际作业未取消。

三、典型案例

案例 1

作业计划未纳入风险监督平台线上管理

某新建工程土建作业现场，分包单位正在开展电缆井土建作业，现场检查发现该作业已办理非周计划审批单，但业务主管部门未按要求将该作业计划纳入风险监督平台线上管理，见图 2-1。该行为违反《典型违章库—生产配电》（国家电网安监〔2023〕234 号）第 1 条的规定：管理违章 || Ⅰ类严重违章 || 无日计划作业，或实际作业内容与日计划不符。

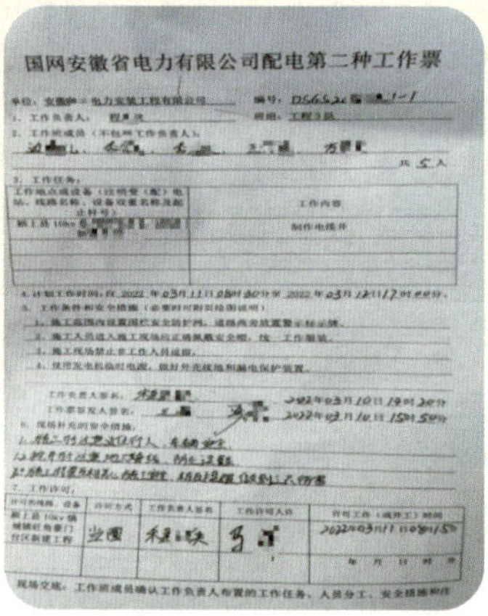
国网安徽省电力有限公司配电第二种工作票

共 5 人

工作内容

制作电缆井

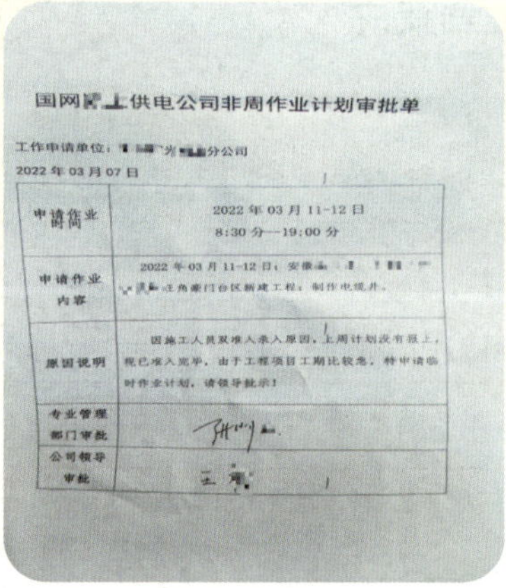
国网[redacted]供电公司非周作业计划审批单

工作申请单位：[redacted]分公司

2022 年 03 月 07 日

申请作业时间	2022 年 03 月 11-12 日 8:30 分—19:00 分
申请作业内容	2022 年 03 月 11-12 日，安徽[redacted]主角巷门台区新建工程，制作电缆井。
原因说明	因施工人员双准入录入原因，上周计划没有报上，现已准入完毕，由于工程项目工期比较急，特申请临时作业计划，请领导批示！
专业管理部门审批	
公司领导审批	

图 2-1　某新建工程土建作业现场工作票及审批单

案例 2

现场作业超出风险监督平台中的作业计划范围

某 10kV 线路 #19 杆下方待 T 接的横担、导线已装设完毕，作业计划的工作内容和工作票工作内容中均未填写“某 10kV 线 #19 杆下方横担、导线安装”作业内容，未制定在带电线路下方作业安全措施，存在擅自扩大工作范围导致人员触电风险，见图 2-2。该行为违反《典型违章库—生产配电》（国家电网安监〔2023〕234 号）第 1 条的规定：管理违章 || Ⅰ类严重违章 || 无日计划作业，或实际作业内容与日计划不符。

图 2-2　某 10kV 线路 #19 杆下方待 T 接的横担、导线安装现场

案例 3

风险监督平台为完工状态，但现场施工人员仍在进行施工作业

某公司 35kV 变电站光缆入站接入及调试作业现场，风险监督平台中工作任务已于 16:58 分完工，通过站内视频发现现场完工后工作班成员擅自打开主控室通信屏连接电脑开展故障导出工作，于 17:28 分工作完成后人员撤离现场，风险监督平台工作状态与现场实际不符，属于严重违章，见图 2-3。该行为违反《典型违章库—配电工程》（国家电网安监〔2023〕234 号）第 40 条的规定：安全风险管控监督平台上的作业开工状态与实际不符。

图 2-3　某 35kV 变电站用户变光缆入站接入及调试作业现场

案例 4

风险监督平台中的日计划取消后，实际作业未取消

某公司 10kV 配电新建工程立杆作业现场，风险监督平台作业计划为取消状态，现场实际在进行杆洞开挖作业，且工作负责人不在作业现场，见图 2-4。该行为违反《典型违章库—配电工程》（国家电网安监〔2023〕234 号）第 40 条的规定：安全风险管控监督平台上的作业开工状态与实际不符。

图 2-4　某 10kV 配电新建工程立杆作业现场

第二节　人员安全履责

工作负责人、专责监护人不在现场，不能及时制止现场违章；工作负责人、专责监护人参与现场作业，会导致现场秩序失控；劳务分包人员不具备“三种人”资格，如果担任工作负责人（作业负责人）可能导致现场安全措施不到位、人员作业范围及危险点不清楚；以上均存在较大风险，可能引发人身安全事故。

一、检查要点

1 领导干部和专业管理人员是否履行到岗到位职责，是否存在应到位而不到位、应把关而不把关问题。

2 监理单位、监理项目部、监理人员是否履责。

3 工作负责人、专责监护人是否在现场。

4 是否存在不具备“三种人”资格的人员担任工作票签发人、工作负责人或许可人，或是否存在劳务分包人员担任工作负责人（作业负责人）。

5 作业人员是否清楚工作任务、危险点。

二、常见问题

1 领导干部和专业管理人员未按照相应风险等级开展到岗到位。

2 领导干部和专业管理人员未履责把关，到位后现场仍存在严重违章。

3 两个及以上专业、单位参与的改造、扩建、检修等综合性作业，未成立由上级单位领导任组长，相关部门、单位参加的现场作业风险管控协调组；现场作业风险管控协调组未常驻现场督导和协调风险管控工作。

4 监理人员未对作业现场关键工序进行旁站监理，监理日志填写与实际不符。

5 监理人员对现场存在违章应发现而未发现，有违章不制止、不报告、不记录。

6 工作负责人、专责监护人不在现场。

7 无“三种人”资质的人员担任工作票签发人、工作负责人或许可人。

8 劳务分包人员担任工作负责人（作业负责人）。

9 工作负责人未组织安全交底、未召开班前会（站班会）。

10 作业人员不熟悉工作内容，不掌握危险点及安全防控措施。

三、典型案例

案例 1

到岗到位人员履责不到位

某 10kV 线路立杆现场，安全督查中心视频发现电杆未夯实前撤去吊车支撑，到岗到位人员在现场未进行制止，存在较大倒杆风险，见图 2-5。该行为违反《国网安监部关于印发严重违章释义的通知》（安监二〔2022〕33 号）严重违章释义清单第一百零二条的规定：领导干部和专业管理人员未履行到岗到位职责，相关人员应到位而不到位、应把关而不把关、到位后现场仍存在严重违章。

图 2-5　某 10kV 线路立杆现场

案例 2

工作负责人履职不到位

某 110kV #2 主变压器新建工程新增事故油池施工。经问询，现场工作人员有变动，但未及时在工作票填写变动人员姓名、日期及时间，见图 2-6。该行为违反《电力安全工作规程　变电部分》（Q/GDW 1799.1—2013）第 6.3.8.7 条的规定：需要变更工作班成员时，应经工作负责人同意，在对新的作业人员进行安全交底手续后，方可进行工作。

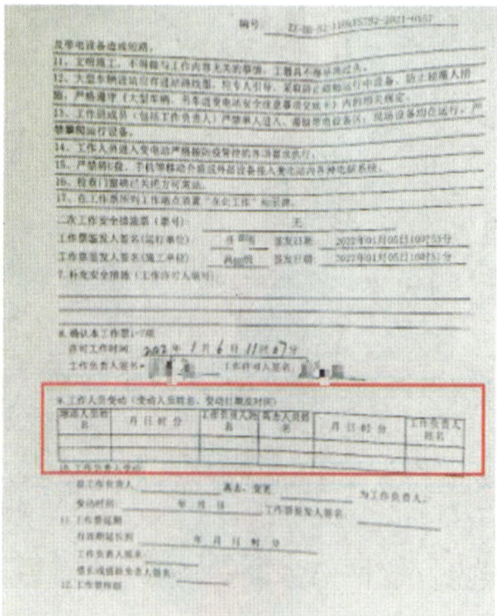

图 2-6　某 110kV #2 主变压器新建工程新增事故油池施工工作票

案例 3

不具备“三种人”资格的人担任工作票签发人

某 220kV 变电站新建工程作业现场，施工作业 A 票按规程应当由项目总工签发，实际错误地由施工项目部技术员签发，即不具备资质人员签发施工作业票，见图 2-7。该行为违反《电力安全工作规程　变电部分》（Q/GDW 1799.1—2013）第 6.3.10 条的规定：工作票签发人应是熟悉人员技术水平、熟悉设备情况、熟悉本部分，并具有相关工作经验的生产领导人、技术人员或经本单位分管生产领导批准的人员。工作票签发人员名单应书面公布。

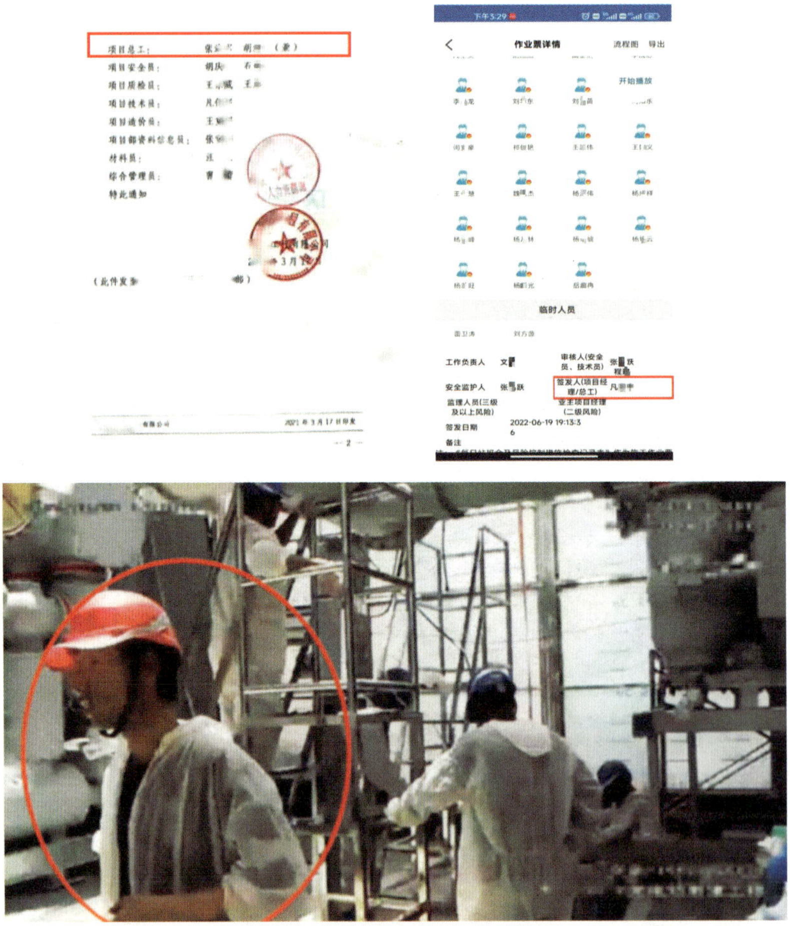

图 2-7　某 220kV 变电站新建工程作业现场

案例 4

工作负责人不在现场

某 10kV 线路改造工程作业现场正在安装变压器横担，但工作负责人不在现场，见图 2-8。该行为违反《国网安监部关于印发严重违章释义的通知》（安监二〔2022〕33 号）严重违章释义清单中第五条的规定：工作负责人（作业负责人、专责监护人）不在现场，或劳务分包人员担任工作负责人（作业负责人）。

图 2-8　某 10kV 线路改造工程作业现场

案例 5

作业人员不熟悉工作内容，不掌握危险点及安全防控措施

某 220kV 变电站蓄电池室地面沉降处理作业现场，一名工作班成员未在工作票和交底卡中签字，作业人员对危险点和安全措施不清楚，见图 2-9。违反《国网安监部关于印发严重违章释义的通知》（安监二〔2022〕33 号）严重违章释义清单中第六十四条的规定：票面（包括作业票、工作票及分票、动火票等）缺少工作负责人、工作班成员签字等关键内容。

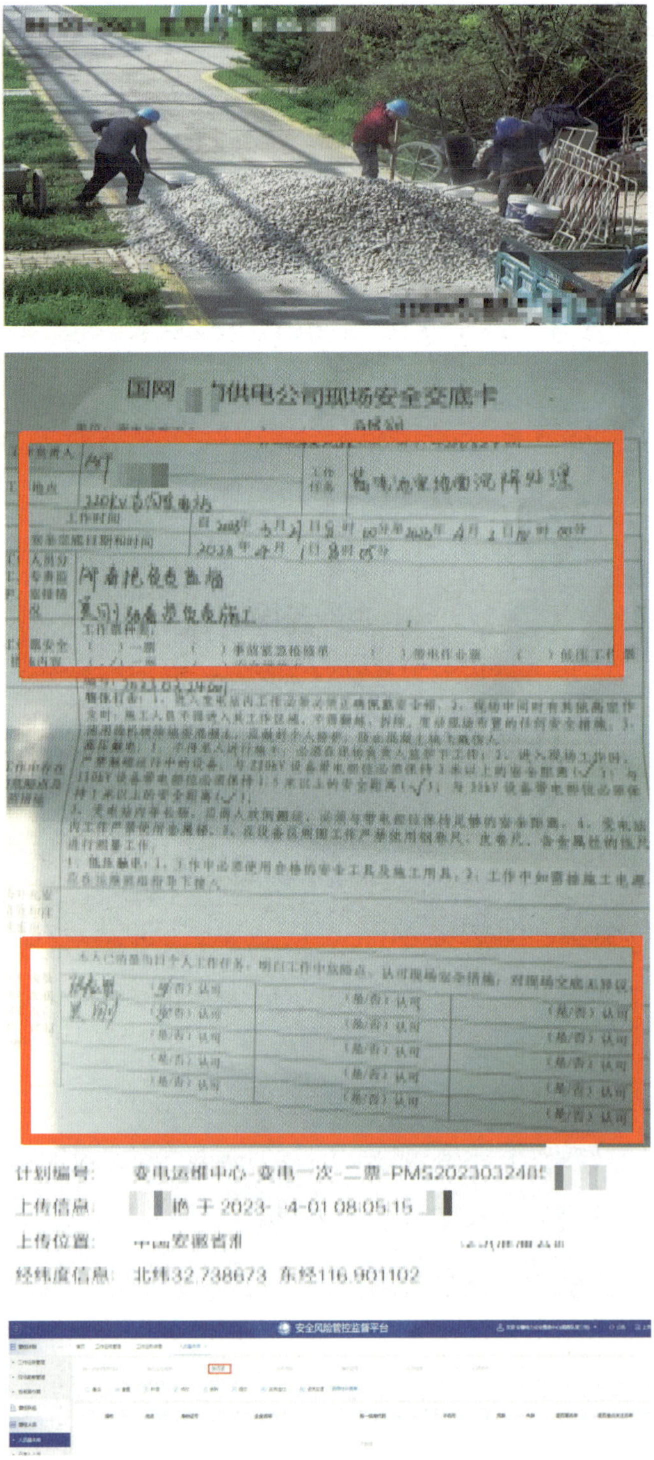

图 2-9 某 220kV 变电站蓄电池室地面沉降处理作业现场

第三节　作业文本规范

重要工序、关键措施作业未按施工方案或规定程序开展作业，会导致施工过程不严谨，可能会出现安全质量事故。

一、检查要点

1. 是否按规定开展现场勘察并留存勘察记录；相关人员是否参加现场勘察、危险点是否勘察到位。
2. 施工方案审批是否规范，风险点辨识与防控措施是否到位。
3. 重要工序、关键环节作业是否按施工方案或规定程序开展作业；作业人员是否未经批准擅自改变已设置的安全措施。
4. 是否无票（包括作业票、工作票及分票、操作票、动火票等）工作、无令操作。
5. 工作票中人员签字是否齐全、设备双重名称是否规范、关键措施执行是否在工作票上准确记录。
6. 风险等级是否定级准确。

二、常见问题

1. 工作票（作业票）签发人、工作负责人、吊车司机等未参加现场勘察。
2. 现场勘察记录缺少与作业相关的邻近带电体、交叉跨越、周边环境、地形地貌、土质、临边等安全风险。

3 施工方案仅由劳务分包单位或劳务分包单位人员编制，编制的方案不符合现场实际要求。

4 在运行站内使用吊车、高空作业车、挖掘机等大型机械开展作业前，施工方案未经设备运维单位批准。

5 电网建设工程施工重要工序、电网生产高风险作业工序及关键环节未按施工方案中的作业方法、标准或规定程序开展作业。

6 未按照《国家电网公司电力安全工作规程》规定使用工作票、事故紧急抢修单。工作票（包括作业票、动火票等）票种使用错误。

7 工作票（含分票、工作任务单、动火票等）票面线路名称（含同杆多回线路双重称号）、设备双重名称填写错误。

8 票面（包括作业票、工作票及分票、动火票等）缺少工作负责人、工作票签发人、工作许可人、工作班成员签字等关键内容。

9 应拉断路器（开关）、应拉隔离开关（刀闸）、应拉熔断器、应合接地开关（刀闸）、作业现场装设的工作接地线未在工作票上准确登录；工作接地线是否按票面要求准确登录安装位置、编号、挂拆时间等信息。

10 风险定级低于实际风险等级。

三、典型案例

案例 1

工作票措施缺失

220kV 某线更换跳线串 U 形螺丝与球头挂环。工作票注意事项“安全措施”栏中缺失跳线串单串金具更换时防脱落后备保护措施，见图 2-10。该行为违反《电力安全工作规程　线路部分》（Q/GDW 1799.2—2013）第 11.1.9 条的规定：更换绝缘子串和移动导线的作业，当采用单吊（拉）线装置时，应采取防止导线脱落时的后备保护措施。

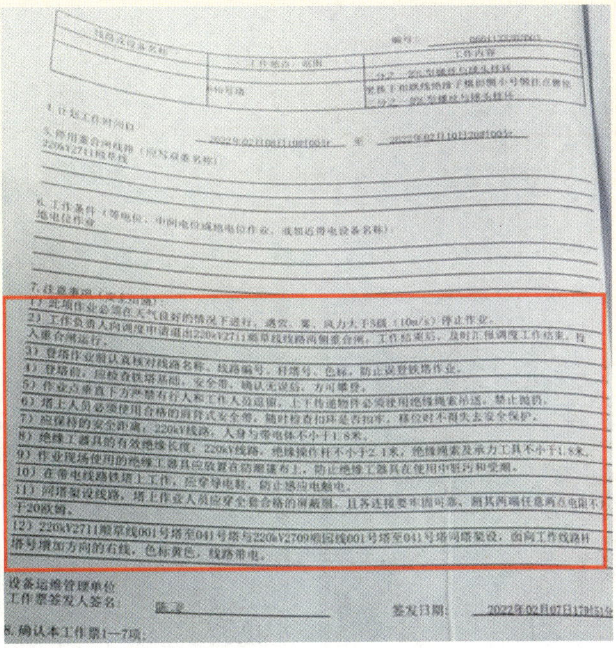

6. 工作条件（等电位、中间电位或地电位作业，或邻近带电设备名称）：
地电位作业

7. 注意事项（安全措施）：
1）此项作业必须在天气良好的情况下进行，遇雷、雾、风力大于5级（10m/s）停止作业。
2）工作负责人向调度申请退出220kV2711線草线线路两侧重合闸，工作结束后，及时汇报调度工作结束，投入重合闸运行。
3）登塔作业前认真核对线路名称、线路编号、杆塔号、色标，防止误登铁塔作业。
4）登塔前，应检查铁塔基础、安全带，确认无误后，方可攀登。
5）作业点垂直下方严禁有行人和工作人员逗留，上下传递物件必须使用绝缘绳索吊送，禁止抛扔。
6）塔上人员必须使用合格的肩背式安全带，随时检查扣环是否扣牢，移位时不得失去安全保护。
7）应保持的安全距离：220kV线路，人身与带电体不小于1.8米。
8）绝缘工器具的有效绝缘长度：220kV线路，绝缘操作杆不小于2.1米，绝缘绳索及承力工具不小于1.8米。
9）作业现场使用的绝缘工器具应放置在防潮帆布上，防止绝缘工器具在使用中脏污和受潮。
10）在带电线路铁塔上工作，应穿导电鞋，防止感应电触电。
11）同塔架设线路，塔上作业人员应穿全套合格的屏蔽服，且各连接要牢固可靠，测其两端任意两点电阻不大于20欧姆。
12）220kV2711線草线001号塔至041号塔与220kV2709線园线001号塔至041号塔同塔架设，面向工作线路杆塔号增加方向的右线，色标黄色，线路带电。

设备运维管理单位
工作票签发人签名： 陈　　　签发日期： 2022年02月07日17时51分

8. 确认本工作票1—7项：

图 2-10　220kV 某线更换跳线串 U 形螺丝与球头挂环工作票

案例 2

现场勘察不到位

某台区拆除旧导线、拔除旧杆、拆除旧配电变压器作业现场，作业范围内有一路待拆低压线路与 0.4kV 运行线路直接 T 接，在现场勘察记录及工作票中均未体现对该 0.4kV 线路停电的措施；在办理工作许可后，临时将该 0.4kV 线路停电，现场安全措施变更未重新履行签发、许可手续，见图 2-11。该行为违反《国网安监部关于印发严重违章释义的通知》（安监二〔2022〕33 号）严重违章释义清单中第六十四条的规定：工作票（含分票、工作任务单、动火票、作业票等）票面防触电、防高处坠落、防倒（断）杆、防窒息等重要安全技术措施遗漏或错误。

图 2-11　某台区拆除旧导线、拔除旧杆、拆除旧配电变压器作业现场

案例 3

未按施工方案中作业方法、标准或规定程序开展作业

某 10kV 放线作业现场，放线区段跨越一处 10kV 带电线路，现场对带电线路进行绝缘包裹，但未按方案要求采取提线或搭设跨越架措施，以使牵引绳与带电线路保持足够的安全距离，导致牵引绳在带电线路绝缘护套上拖拽，可能导致绝缘层破损，造成作业人员触电，见图 2-12。该行为违反《国网安监部关于印发严重违章释义的通知》（安监二〔2022〕33 号）严重违章释义清单中第六十五条的规定：重要工序、关键环节作业未按施工方案或规定程序开展作业；作业人员未经批准擅自改变已设置的安全措施。

图 2-12　某 10kV 放线作业现场

案例 4

作业风险定级低于实际风险等级

某供电公司负责的某县某村小街区改造工程，配电变压器安装作业应为四级风险，但作业票中填写为五级风险，作业风险定级错误，见图 2-13。该行为违反《国家电网有限公司作业安全风险管控工作规定》（国家电网企管〔2023〕55 号）第二十七条的规定：作业风险定级应以每日作业计划为单元进行，同一作业计划内包含多个不同等级工作或不同类型的风险时，按就高原则定级。

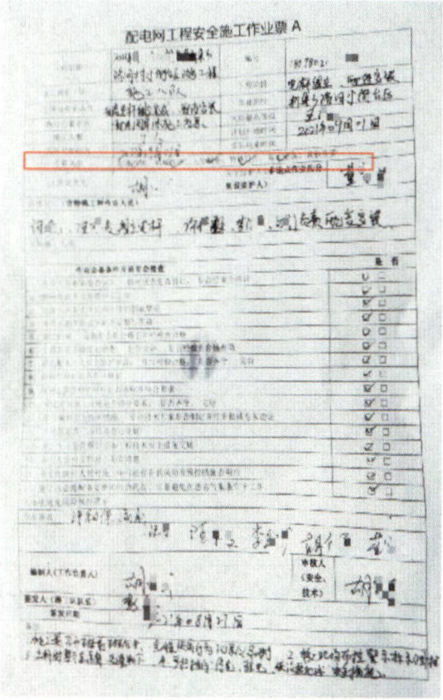
配电网工程安全施工作业票 A

图 2-13　配电变压器安装作业票

第四节　队伍及人员准入

因人员未准入，安全教育培训不到位，存在进入现场人员不具备基本安全生产知识和安全生产技能，在作业过程中极易引发人身安全事故。

一、检查要点

1 承包单位、监理单位是否具备相应资质。

2 施工作业人员、监理人员是否通过准入考试并在系统中完成准入。

3 施工、监理关键岗位人员是否具备相应资格。

4 特种设备作业人员、特种作业人员、危险化学品从业人员是否依法取得资格证书。

5 是否将频发违章的单位纳入黑名单与重点关注名单。

二、常见问题

1 现场作业人员、监理人员在风险监督平台中，无有效期内的准入合格记录。

2 监理项目部关键岗位（总监、总监代表、安全监理、专业监理等）人员不具备相应资格。

3 新进、转岗和离岗 3 个月以上的电气作业人员，未经安全教育培训，并经考试合格后上岗。

4 将工程发包给自然人、不满足资质要求或列入负面清单、黑名单或限制参与投标的单位。

5 高（低）压电工、高处作业等特种作业人员，未从应急、住建等部门取得特种作业操作资格。

6 特种设备作业人员、特种作业人员资格证书未按期复审。

三、典型案例

案例 1

监理人员未准入，不具备相应资格

110kV 某变电站 #3 主变压器扩建工程施工现场，现场监理（监理人员张某）未准入，见图 2-14。该行为违反《国家电网有限公司监理项目部标准化管理手册（变电工程分册）》第 1.1.3 条的规定：人员配置、任职资格及条件。

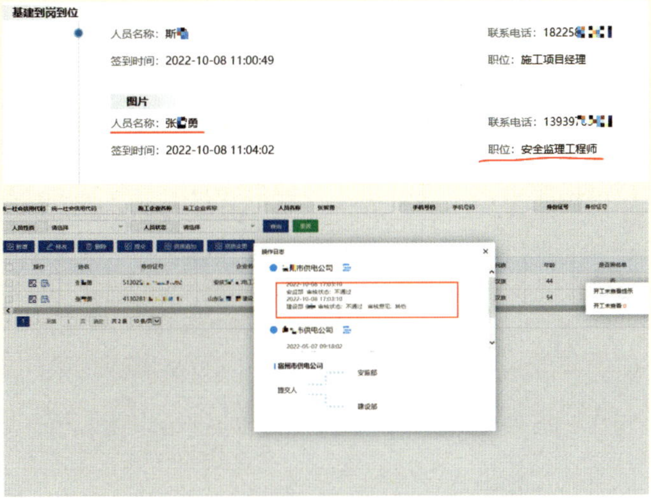

图 2-14　监理人员准入查询页面

案例 2

特种作业人员未依法取得资格证书

某 35kV 变电站 35kV 某刀闸更换安装调试作业现场，1 名电焊作业人员，在特种作业操作证及安全生产知识和管理能力考核合格信息查询平台、× × 省住房和城乡建设厅均未查询到相关特种作业证，见图 2-15。该行为违反《国家电网有限公司特种设备安全管理办法》（国家电网安监〔2023〕21 号）第十四条的规定：特种设备作业人员应按照国家有关规定，经特种设备安全监督管理部门考核合格，取得统一格式的特种作业人员证书，方可从事相应的作业或管理工作。

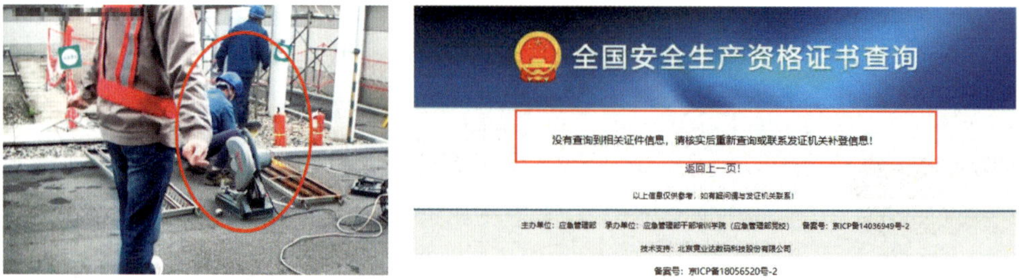

图 2-15　某 35kV 变电站 35kV 某刀闸更换安装调试作业现场

案例 3

准入考试现场存在抄袭、代考

某公司第 465 场人员准入考试现场，考场纪律混乱，分包人员准入考试存在抄袭、代考等作弊行为，见图 2-16。该行为违反《国家电网有限公司业务外包安全监督管理办法》（国家电网企管〔2023〕55 号）第三十三条的规定：公司对承包单位的作业人员实行安全准入管理。各单位每年定期组织开展安全准入考试，作业人员经准入考试合格后方可从事现场生产施工作业。对因作业需要临时新增或重新准入的进场作业人员，应采取动态考试方式实施准入。

图 2-16　某公司第 465 场人员准入考试现场

案例 4

现场登杆作业人员未依法取得资格证书

某 10kV 线路电杆组立、导线连接作业现场，现场登杆作业人员王某某准入为辅工，在特种作业查询平台上未查询到相关特种作业证，见图 2-17。该行业违反《特种作业人员安全技术培训考核管理规定》（国家安全监管总局令第 80 号令）第五条的规定：特种作业人员必须经专门的安全技术培训并考核合格，取得“中华人民共和国特种作业操作证”（以下简称特种作业操作证）后，方可上岗作业。

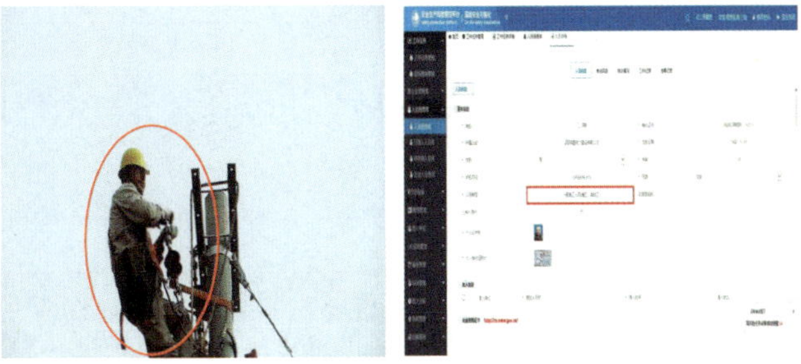

图 2-17　某 10kV 线路电杆组立、导线连接作业现场（一）

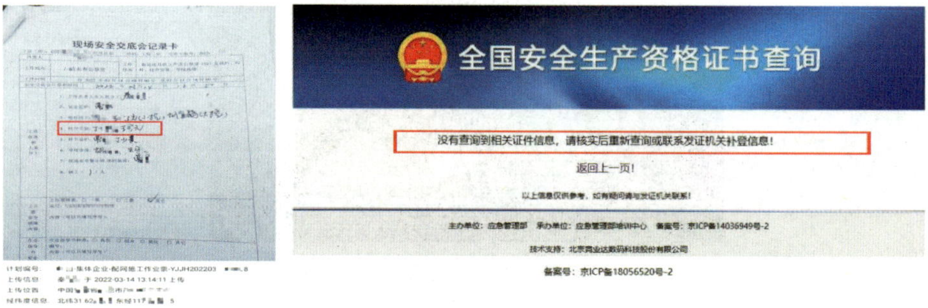

图 2-17　某 10kV 线路电杆组立、导线连接作业现场（二）

第五节　工器具及球机使用

施工安全工器具以及施工机具作为工程建设过程中重要的一部分，可以在施工过程中保护作业人员生命安全，同时便利现场作业，而不合格的安全工器具以及施工机具则会给作业人员带来潜在的风险。因此，进入现场安全工器具应做好检查及记录，并经过严格的报审流程后方可正常使用。

一、检查要点

1. 安全工器具、施工机具是否检验检测合格且在有效期内。

2. 是否使用未经检测试验合格的自制施工工器具或分包单位自备施工机械设备或安全工器具。

3. 有限空间作业是否按要求执行“先通风、再检测、后作业”，是否配置和正确使用安全防护装备、应急救援装备以及施工工器具。

4 球机是否正常绑定并在线，是否拍摄现场作业内容；现场视频监控终端存储卡是否满足要求。

5 生产和施工场所是否按规定配备消防器材。

二、常见问题

1 安全工器具、施工机具超过有效使用期限；无有效检验合格证或检验报告。

2 劳务分包单位自备施工机械设备或安全工器具。施工机械设备、安全工器具的采购、租赁或送检单位为劳务分包单位。合同约定由劳务分包单位提供施工机械设备或安全工器具。

3 自制或改造起重滑车、卸扣、手扳（链条）葫芦、卡线器、吊篮等工器具，未经有资质的第三方检验机构检测试验，无试验合格证或试验合格报告。

4 使用金具U形环代替卸扣，使用普通材料的螺栓取代卸扣销轴。

5 有限空间作业前未通风或气体检测浓度高于《国家电网有限公司有限空间作业安全工作规定》要求，未在入口设置监护人或监护人擅离职守。

6 未根据有限空间作业的特点和应急预案、现场处置方案，配备使用气体检测仪、呼吸器、通风机等安全防护装备和应急救援装备。

7 作业现场未布设与风险监督平台作业计划绑定的视频监控设备。视频监控设备未开机、关闭视频球机躲避检查、未拍摄现场作业内容。

8 作业现场视频监控终端无存储卡，或存储卡容量低于256G；不具备终端开关机、视频读写等信息记录功能。

9 调度室、变压器等充油设备、电缆间及电缆通道等未按要求配备消防器材或配备不合格的消防器材。

三、典型案例

案例1

劳务分包合同存在劳务分包单位提供施工机械设备或安全工器具条款

某10kV立杆作业现场，劳务分包合同第10条出现乙方提供的材料和设备条款及相关约定，存在使用不合格机械器具及安全防护用品风险，见图2-18。该行为违反《典型违章库—配电工程》（国家电网安监〔2023〕234号）第66条的规定：劳务分包单位自备施工机械设备或安全工器具，属于Ⅲ类严重违章。

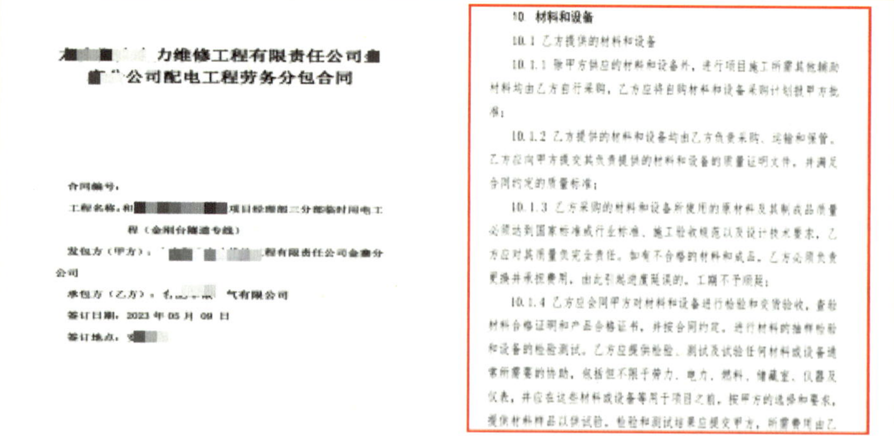
[redacted]力维修工程有限责任公司[redacted]公司配电工程劳务分包合同

合同编号：
工程名称：和[redacted]项目经理部二分部临时用电工程（金刚台隧道专线）
发包方（甲方）：[redacted]程有限责任公司金寨分公司
承包方（乙方）：[redacted]气有限公司
签订日期：2023年05月09日
签订地点：[redacted]

10 材料和设备
10.1 乙方提供的材料和设备
10.1.1 除甲方供应的材料和设备外，进行项目施工所需其他辅助材料均由乙方自行采购，乙方应将自购材料和设备采购计划报甲方批准；
10.1.2 乙方提供的材料和设备均由乙方负责采购、运输和保管。乙方应向甲方提交其负责提供的材料和设备的质量证明文件，并满足合同约定的质量标准；
10.1.3 乙方采购的材料和设备所使用的原材料及其制成品质量必须达到国家标准或行业标准、施工验收规范以及设计技术要求，乙方应对其质量负完全责任。如有不合格的材料和成品，乙方必须负责更换并承担费用，由此引起进度延误的，工期不予顺延；
10.1.4 乙方应会同甲方对材料和设备进行检验和交货验收，查验材料合格证明和产品合格证书，并按合同约定，进行材料的抽样检验和设备的检验测试。乙方应提供检验、测试及试验任何材料或设备通常所需要的协助，包括但不限于劳力、电力、燃料、储藏室、仪器及仪表，并应在这些材料或设备等用于项目之前，按甲方的选择和要求，提供材料样品以供试验。检验和测试结果应提交甲方，所需费用由乙

图2-18　某10kV立杆作业现场劳务分包合同

案例 2

使用金具 U 形环代替卸扣

某线路工程施工现场使用金具 U 形环代替卸扣作为滑车承力器具，进行导线牵引工作，且 U 形环横向受力，存在牵引过程中 U 形环断裂风险，见图 2-19。该行为违反《国网安监部关于印发严重违章释义的通知》（安监二〔2022〕33 号）严重违章释义清单中第六十九条的规定：使用金具 U 形环代替卸扣；使用普通材料的螺栓取代卸扣销轴。

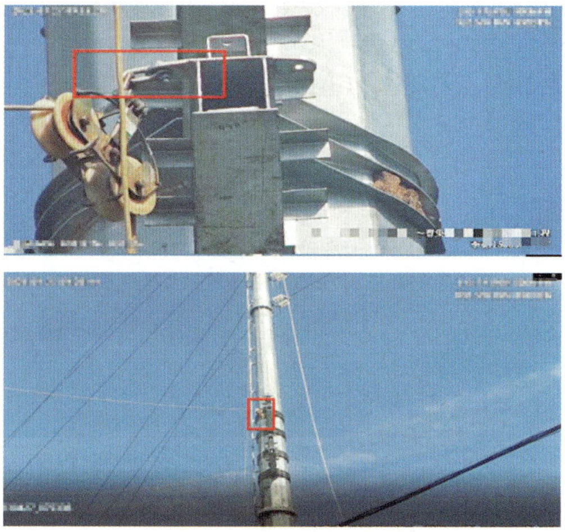

图 2-19　某线路工程施工现场

案例 3

作业现场未布设与风险监督平台作业计划绑定的视频监控设备

某公司变压器高压侧接线线鼻断裂重新搭接抢修作业现场，当日工作开始时，稽查发现抢修作业风险定级错误且未绑定球机，经电话多次督促后在开工 1 小时 50 分钟绑定球机，见图 2-20。该行为违反《国网安监部关于印发严重违章释义的通知》（安监二〔2022〕33 号）严重违章释义清单中第九十三条的规定：安全风险管控平台上的作业开工状态与实际不符；作业现场未布设与安全风险管控平台作业计划绑定的视频监控设备，或视频监控设备未开机、未拍摄现场作业内容。

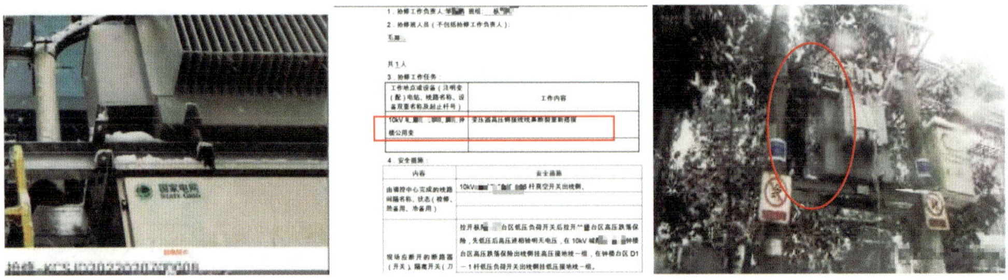

图 2-20　某变压器高压侧接线线鼻断裂重新搭接抢修作业现场

案例 4　关闭视频球机躲避检查

某单位 220kV 输变电工程挂紧线作业现场，塔上人员正在高处作业时，球机突然关闭。经联系，工作负责人反馈原因为“现场作业已完工、人员已撤离”。安全督查中心要求现场重新打开球机，核实发现塔上仍有人员正在进行高处作业。工作负责人在现场仍在开展作业的情况下，提前点击完工并关闭球机，见图 2-21。该行为违反《国网安监部关于印发严重违章释义的通知》（安监二〔2022〕33 号）严重违章释义清单中第九十三条的规定：安全风险管控平台上的作业开工状态与实际不符；作业现场未布设与安全风险管控平台作业计划绑定的视频监控设备，或视频监控设备未开机、未拍摄现场作业内容。

图 2-21　220kV 输变电工程挂紧线作业现场

案例 5

作业现场视频监控设备未开机

某公司作业现场，球机未对准作业现场，电话联系工作负责人调整球机位置后，发现该计划已处于完工状态、球机不在线。后经安全督查中心通知工作负责人再次打开球机，配电变压器已拆除、新变压器暂未安装，导致拆除过程未被纳入视频监控范围，见图 2-22。该行为违反《国网安监部关于印发严重违章释义的通知》（安监二〔2022〕33 号）严重违章释义清单中第九十三条的规定：安全风险管控平台上的作业开工状态与实际不符；作业现场未布设与安全风险管控平台作业计划绑定的视频监控设备，或视频监控设备未开机、未拍摄现场作业内容。

基本信息

工作票号：[redacted]-配电-抢修-KCSJD20220[redacted]5 抢修

票种：抢修	市公司名称：[redacted]公司
工区：[redacted] 公司运维检修部	班组：配电运维班
工作状态：审核通过	工作地点：安徽省[redacted]...
作业风险：三级	设备：
风险因素：高处坠落	电压等级：交流10(20)kV
计划开工时间：2022-05-01 16:36:02	计划完工时间：2022-05-01 17:19:16
实际完工时间：2022-05-01 17:19:16	专业类别：配电

图 2-22　作业现场，球机未对准作业现场

案例 6

杆线迁移作业现场使用不合格工器具

某 110kV 线路杆线迁移作业现场，现场使用不合格的铝合金云梯进行高空压接作业（提供的出厂检测报告和预防性试验报告的检测依据不准确，试验项目为梯档静压力试验，与实际云梯横向使用情况不符，视为使用不合格工器具）；现场云梯横向使用，且有两人同时在梯上作业，人员工作时，梯头挂钩封口未可靠封闭或使用保护绳防止梯头脱钩，见图 2-23。该行为违反《电力安全工作规程　线路部分》（Q/GDW 1799.2—2013）第 14.1.1 条的规定：禁止使用损坏、变形、有故障等不合格的施工机具和安全工器具。

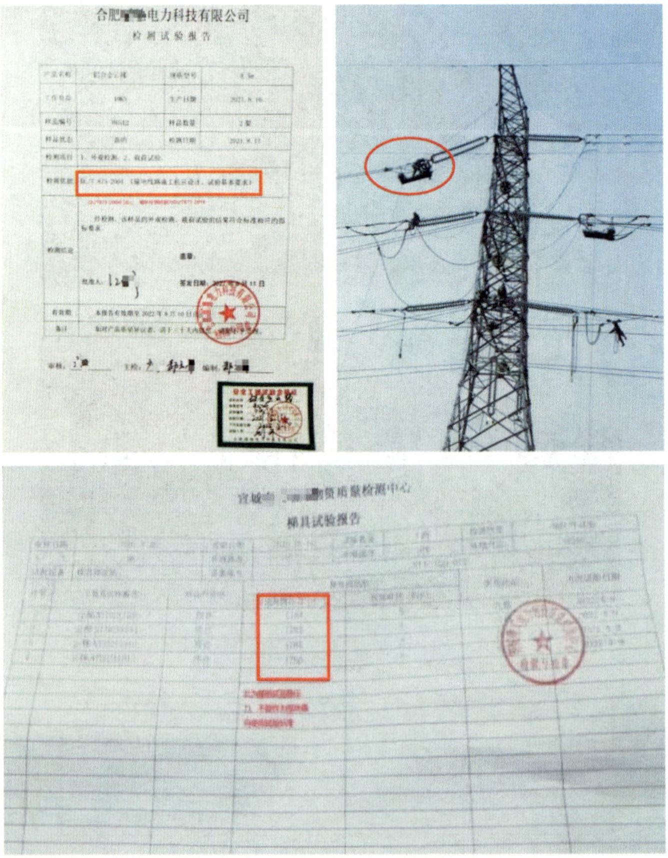

图 2-23　某 110kV 线路杆线迁移作业现场（一）

图 2-23 某 110kV 线路杆线迁移作业现场（二）

案例 7

现场使用不合格自制安全施工器具

某 10kV 线路电杆组立及铁附件安装作业现场，现场使用自制的三脚架抬运水泥电杆，三脚架质量不合格，导致水泥杆抬运过程中三脚架分解，打击到一名施工人员，经医院检查，该名施工人员未受伤，现场使用的安全施工器具不合格，见图 2-24。该行为违反《国家电网有限公司电力安全工作规程 第 8 部分：配电部分》第 16.1.6 条的规定：机具和电力安全工器具应统一编号，专人保管。入库、出库、使用前应检查。不应使用损坏、变形、有故障等不合格的机具和安全工器具。

图 2-24 某 10kV 线路电杆组立及铁附件安装作业现场

案例 8

树木作为主要受力锚桩存在安全隐患

某公司牵引站 220kV 线路工程原 2879 线路 #52-#64 拆旧作业现场（基建工程），现场利用树木作为转向滑车的主要受力锚桩，存在较大安全隐患，见图 2-25。该行为违反《电力安全工作规程　线路部分》（Q/GDW 1799.2—2013）第 9.3.10 条的规定：立、撤杆作业现场，不准利用树木或外露岩石作受力桩。

图 2-25　某公司牵引站 220kV 线路工程原 2879 线路 #52-#64 拆旧作业现场

案例 9

使用不合格安全工器具

某带电 T 接 10kV 线路作业，现场使用的绝缘护套超出检验期，存在使用不合格工器具导致人员触电风险，见图 2-26。该行为违反《国网安监部关于印发严重违章释义的通知》（安监二〔2022〕33 号）严重违章释义清单中第四条的规定：使用达到报废标准的或超出检验期的安全工器具。

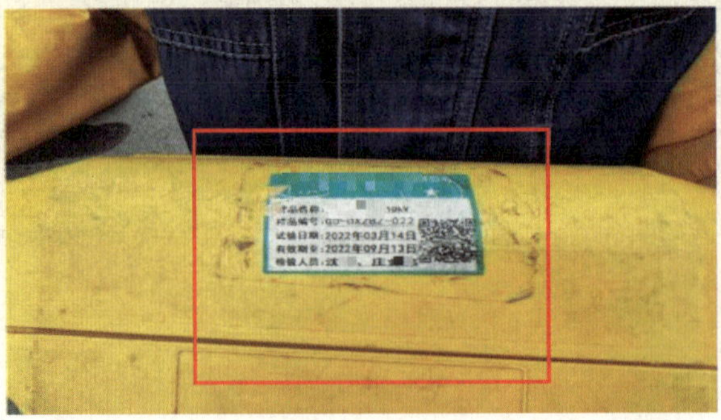

图 2-26　某带电 T 接 10kV 线路作业现场

第三章

变电专业安全监督检查

“三铁”反“三违”

以“铁的面孔、铁的制度、铁的处理”反“违章作业、违章指挥、违反劳动纪律”

第一节　基础施工

变电基础施工主要工作内容包括土石方开挖及模板、钢筋、混凝土等施工，作业过程主要存在基坑坍塌、有限空间作业、高处坠落、触电、机械伤害等作业风险。

一、基坑坍塌类风险

1. 检查要点

1. 施工前勘察地下是否有电缆、光缆，在有电缆、光缆及管道等附近开挖时，是否有安全措施且有专人监护。
2. 土方开挖是否按照方案要求进行作业。
3. 桩基础、土方开挖、强夯等作业是否设专人监护。
4. 人工挖孔作业，是否按图施工浇筑护壁（当设计要求时）。
5. 施工区域是否按要求设围栏及安全标志牌。
6. 基坑支撑是否满足要求。
7. 作业人员上下基坑时是否有可靠的扶梯或坡道。
8. 除掏挖桩基础外，不用挡土板挖坑时，坑壁是否留有适当坡度，如因环境原因无法放坡，是否做好支护措施。
9. 是否有临时排水措施。

2、常见问题

1 桩基础、土方开挖和强夯作业未设专人监护；挖掘施工区域未设围栏及安全标志牌，围栏离坑边小于 0.8m；夜间进行土石方作业未设置足够的照明，未悬挂警示灯；堆土距坑边不足 1m，高度超过 1.5m。

2 作业人员上下基坑时没有可靠的扶梯或坡道，采用扶梯不符合要求；在桩孔内使用燃油动力机械设备和坑内（孔内）动火切割钢筋笼；深基坑作业时无专人进行监护。

3 作业现场基础基坑放坡系数不足，深坑作业未采取可靠的防坍塌措施；人工挖孔作业未按图施工浇筑护壁（当设计要求时）。

4 基坑支撑结构的施工未先撑后挖，更换支撑未先装后拆；安设固壁支撑时，支撑木板未严密靠紧于坑的两壁，并且未用支撑与支柱将其固定牢靠；基坑挖土时误碰支撑。

5 对大型机械挖掘土石方或进行深基坑作业时，未对机械的停放、行走、运土石的方法与挖土分层深度等制定施工方案，同时对方案内基础的支撑体系设有数据支持。

6 基坑存在积水或遇雷雨天气时设有临时排水措施，每日或雨后复工前，未检查土壁及支撑稳定情况。

3、典型案例

案例 1

堆土不符合要求

某 330kV 变电站工程施工现场地堆土距坑边不足 1m，且高度超过 1.5m，存在基坑坍塌、物体打击的风险，见图 3-1。该行为违反《国家电网有限公司电力建设安全工作规程　第 1 部分：变电》第 10.1.1.7 条的规定：堆土应距坑边 1m 以外，高度不得超过 1.5m。

图 3-1　某 330kV 变电站工程施工现场

案例 2

基坑附近模板堆放

某 220kV 变电工程土建施工工程拆除的模板等材料堆放在坑边，存在物体打击风险，见图 3-2。该行为违反《国家电网有限公司电力建设安全工作规程　第 1 部分：变电》第 10.4.2.2 条的规定：模板拆除要求：i）拆下的模板应及时清理，所有朝天钉均拔除或砸平，不得乱堆乱放，不得大量堆放在坑口边，应运到指定地点集中堆放。

图 3-2　某 220kV 变电工程土建施工工程现场

案例 3

基坑边坡坍塌严重

某 220kV 变电工程基坑边坡坍塌严重，存在塌方伤人风险，见图 3-3。该行为违反《国家电网有限公司电力建设安全工作规程　第 1 部分：变电》第 10.1.1.3 条的规定：在深坑及井内作业应采取可靠的防坍塌措施，坑、井内的通风应良好，在作业中应定时检测。

图 3-3　某 220kV 变电工程施工现场

案例 4

现场未按施工方案施工、挖孔桩无支撑

某 220kV 变电站基础开挖作业现场，现场开展人工挖孔桩（桩底扩孔，人工掏挖）作业，开挖深度已超过 3m，施工单位未按施工方案要求逐层（每挖 0.8~1m）浇筑混凝土护壁，也未采取安全防护笼等其他防坍塌措施，有较大安全风险，见图 3-4。该行为违反《国家电网有限公司电力建设安全工作规程　第 1 部分：变电》第 10.1.3.1 条的规定：基坑支护应保证基坑周边建（构）筑物、地下管线、道路的安全使用和主体地下结构的施工空间。基坑支护结构应在达到设计要求的强度后，方可开挖下层土方，不得提前开挖和超挖。

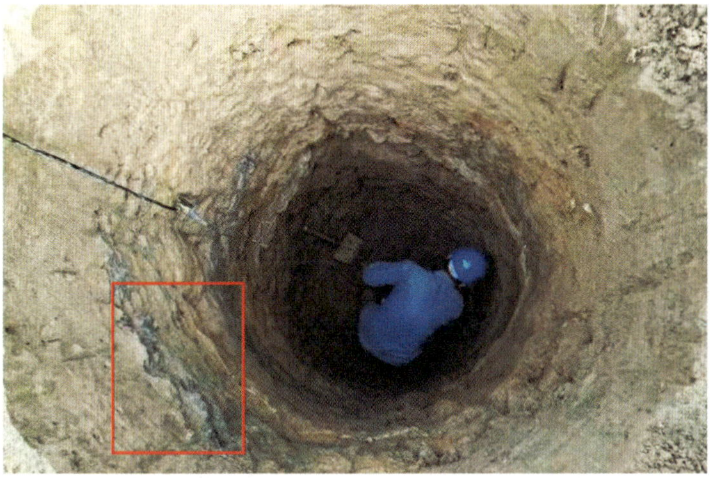

图 3-4　某 220kV 变电站基础开挖作业现场

案例 5

无关人员进入施工现场

某 220kV 变电站工程有无关人员进入施工现场，见图 3-5。该行为违反《国家电网有限公司电力建设安全工作规程　第 1 部分：变电》第 6.1.3 条的规定：与施工无关的人员未经允许不得进入施工现场。

图 3-5　某 220kV 变电站工程无关人员进入施工现场

二、触电类风险

1、检查要点

1 配电箱（柜）其结构是否具备相关功能，保护措施是否完善。

2 电缆线路是否采用埋地或架空敷设，临时线盘布设是否符合要求。

3 施工用电是否采用三级配电、两级保护；电动工具是否做到“一机一闸一保护”。

4 电焊机、切割机、打夯机、振捣棒等设备使用是否符合要求。

2、常见问题

1 配电箱（柜）结构不具备防火、防雨功能；外壳接地不可靠；导线进入配电箱未采取固定措施；操作部位有带电体裸露；安全警告标志和安全色标识不符合规范。

2 电源箱内未装配电源开关、剩余电流动作保护装置（漏电保护器）、熔断器。

3 电缆线路未采用埋地或架空敷设，电缆接头处没有防水和防触电措施。

4 施工用电电源布设时，施工用电违反“一机一闸一保护”原则；施工用电没有采用三级配电、两级保护。

5 电气设备附近无用于扑灭电气火灾的消防器材。

6 使用电焊机、切割机、打夯机、振捣棒等设备未采取相应的防护措施。

3、典型案例

案例 1

配电箱使用不规范

某 35kV 变电站工程现场，配电箱未安装漏电保护器，未配备相应锁具，见图 3-6。该行为违反《国家电网有限公司电力建设安全工作规程　第 1 部分：变电》第 6.5.4 条的规定：配电及照明要求配电及照明应符合以下要求：q）电动机械或电动工具应做到“一机一闸一保护”。移动式电动机械应使用绝缘护套软电缆。第 6.5.6 条的规定：用电及用电设备应符合以下要求：c）配电室和现场的配电柜或总配电箱、分配电箱应配锁具。

图 3-6　某 35kV 变电站工程现场配电箱

案例 2

施工电源线过路保护措施不到位

某 220kV 变电站新建工程作业现场，施工电源线过路保护措施不到位，见图 3-7。该行为违反《国家电网有限公司电力建设安全工作规程　第 1 部分：变电》第 6.5.4 条的规定：电缆线路应采用埋地或架空敷设，不得沿地面明设，并应避免机械损伤和介质腐蚀。电缆接头处应有防水和防触电的措施。

图 3-7　某 220kV 变电站新建工程作业现场

案例 3

作业人员使用电动工具防护措施不到位

某 220kV 变电站工程作业现场施工人员使用移动式电动工具时未戴绝缘手套或未站在绝缘垫上，见图 3-8。该行为违反《国家电网有限公司电力建设安全工作规程　第 1 部分：变电》第 8.3.8.8 条的规定：使用可携式或移动式电动工具时，应戴绝缘手套或站在绝缘垫上。

图 3-8　某 220kV 变电站工程作业现场

三、中毒、窒息类风险

1、检查要点

1 施工现场涉及有限空间作业是否执行“先通风、再检测、后作业”要求。

2 是否配备气体检测仪、呼吸器、通风机等安全防护装备和应急救援装备。

3 作业现场是否配备对讲机等通信设备。

4 有限空间作业气体检测记录是否完善。

5 有限空间数量、具体作业人员、专职监护人员是否明确。

2、常见问题

1 作业前未进行风险辨识，没有分析有限空间内气体种类并进行评估监测，检测记录不完善。

2 缆沟出入口未设置明显的安全警示标志、安全防护围栏，夜间未设警示红灯。

3 未在入口设置监护人或监护人擅离职守。

4 未根据有限空间作业的特点和应急预案、现场处置方案，配备使用气体检测仪、呼吸器、通风机等安全防护装备和应急救援装备。

5 当作业现场无法通过目视、喊话等方式进行沟通时，未配备对讲机。

6 有限空间作业施工方案中未体现有限空间数量、具体作业人员、监护人员不明确。

3、典型案例

案例 1

现场通风设备不符合要求

某 110kV 主变压器新建工程新增事故油池施工，有限空间内焊接作业，现场仅有一台电风扇作为通风设备，且未与风管配合使用，见图 3-9。该行为违反《国家电网有限公司电力建设安全工作规程　第 1 部分：变电》第 7.2.3 条的规定：检测人员应严格按照审批后的施工方案中的检测方法进行检测，检测时应当采取相应的安全防护措施，防止中毒窒息等事故发生。

图 3-9　某 110kV 主变压器新建工程新增事故油池施工现场

案例 2

硫化氢含量超标情况下安排人员开展开挖作业

某110kV迁改工程人工挖孔桩基础作业现场，人工挖孔桩（深度约 2m）基础作业，在气体检测仪检测硫化氢含量超标（8ppm，高于 7ppm 的标准限值）的情况下，工作负责人未按要求持续机械通风并检验合格即安排人员开展开挖作业，存在孔内作业人员中毒窒息风险，见图 3-10。该行为违反《国家电网有限公司有限空间作业安全工作规定》（国家电网安监〔2023〕21 号）第二十条的规定：未经通风和检测合格，任何人员不得进入有限空间作业。

图 3-10　某 110kV 迁改工程人工挖孔桩基础作业现场

四、高处坠落类风险

1、检查要点

1. 孔洞是否采用钢板或安全围栏有效防护，并做好警告标识。
2. 脚手架、钢管支架等临时平台是否按规范要求进行设置。
3. 下孔作业人员是否佩戴安全帽、安全带，是否从专用爬梯上下，是否沿孔壁或乘运土设施上下。
4. 高处作业是否有人监护。
5. 起重设备使用方式是否符合要求。

2、常见问题

1. 高处作业下方危险区内有人员停留或穿行。
2. 高处作业的平台、走道、斜道等未按要求装设护栏、设置挡脚板。
3. 作业人员未佩戴安全帽、安全带，未经专用爬梯上下，或沿孔壁或乘运土设施上下。
4. 基坑附近、电缆沟未铺设符合要求的盖板或设可靠的围栏及安全标志，其他施工区域未按规定设置安全围栏和警示牌。
5. 作业人员在模板、构架等高处作业时未做好保护措施。

3、典型案例

案例 1

临边防护未设置安全防护栏杆

某 110kV 工程作业现场临边防护安全防护栏杆设置不规范，仅设置警示彩旗，不具有抗冲击能力，存在高处坠落风险，见图 3-11。该行为违反《国家电网有限公司电力建设安全工作规程　第 1 部分：变电》第 6.1.6 条的规定：施工现场及周围的悬崖、陡坡、深坑、高压带电区等危险场所均应设可靠的防护设施及安全标志；坑、沟、孔洞等均应铺设符合安全要求的盖板或设可靠的围栏、挡板及安全标志。

图 3-11　某 110kV 工程作业现场

案例 2

增容改造工程坑、沟、孔洞未铺设盖板

某 110kV 变电站增容改造工程现场，坑、沟、孔洞等未铺设符合安全要求的盖板或设可靠的围栏，见图 3-12。该行为违反《国家电网有限公司电力建设安全工作规程　第 1 部分：变电》第 6.1.6 条的规定：施工现场及周围的悬崖、陡坡、深坑、高压带电区等危险场所均应设可靠的防护设施及安全标志；坑、沟、

孔洞等均应铺设符合安全要求的盖板或设可靠的围栏、挡板及安全标志。

图 3-12　某 110kV 变电站增容改造工程现场

案例 3

施工区域未设围栏及安全标志牌

某 110kV 变电站工程变压器基础施工区域，挖掘施工区域存在未设置围栏，可能引发人员坠落伤害，见图 3-13。该行为违反《国家电网有限公司电力建设安全工作规程　第 1 部分：变电》第 6.1.6 条的规定：施工现场及周围的悬崖、陡坎、深坑、高压带电区等危险场所均应设可靠的防护设施及安全标志；坑、沟、孔洞等均应铺设符合安全要求的盖板或设可靠的围栏、挡板及安全标志。

图 3-13　某 110kV 变电站工程变压器基础施工现场

案例 4

人员无安全措施上下基坑

某 110kV 变电站工程变压器基础施工，基坑未设置供作业人员上下基坑的安全通道（梯子），存在人员坠落的风险，见图 3-14。该行为违反《国家电网有限公司电力建设安全工作规程　第 1 部分：变电》第 10.1.1.6 条的规定：基坑应有可靠的扶梯或坡道，作业人员不得相互拉拽、攀登挡土板支撑上下；应在地面安全地点休息。

图 3-14　某 110kV 变电站工程变压器基础施工现场

案例 5

脚手架、板铺设不规范

某 220kV 变电站新建工程土建施工脚手架未搭设在平整的地面，见图 3-15。该行为违反《国家电网有限公司电力建设安全工作规程　第 1 部分：变电》第 10.3.3.1 条的规定：脚手架地基应平整坚实，回填土地基应分层回填、夯实，脚手架立杆垫板或底座底面标高应高于自然地坪 50 ~ 100mm，并在脚手架地面外侧设置排水沟，确保立杆底部不积水。

图 3-15　某 220kV 变电站新建工程现场

案例 6

未根据现场增设相关防护措施

某 220kV 变电站钢管脚手架搭设时，脚手板未满铺且剪刀撑杆件连接处伸出的端头长度小于 10cm，见图 3-16。该行为违反《国家电网有限公司电力建设安全工作规程　第 1 部分：变电》第 10.3.3.6 条的规定：纵向水平杆应用对接扣件接长，也可采用搭接。搭接长度不应小于 1m，应等间距设置三个旋转扣件固定。采用对接时，纵向水平杆的对接扣件应交错布置，两根相邻纵向水平杆的接头不宜设置在同步或同跨内，不同步不同跨两相邻接头在水平方向错开的距离不应小于 500mm。

图 3-16　某 220kV 变电站钢管脚手架搭设现场

五、机械伤害类风险

1、检查要点

1 作业过程中挖掘机开挖时是否遵守相关规范施工。

2 机械的安全防护装置及监测、指示、仪表、报警等自动报警、信号装置是否完好齐全。

3 施工现场是否消除对机械作业有妨碍或不安全的因素。

4 夜间作业是否设置充足的警示灯以及照明设备。

5 手持电动工具是否配齐相应的防护措施。

2、常见问题

1 操作挖掘机时进铲过深，提斗过猛，挖土高度超过 4m；操作手柄不平顺，臂杆下降时中途突然停顿。行驶时未将铲斗和斗柄的油缸活塞杆完全伸出。

2 汽车式起重机作业前未支好全部支腿，支腿未加垫木，且垫木低于 1.2m/ 根。

3 作业中扳动支腿操纵阀，调整支腿在有载荷时进行，且未将起重臂转至正前或正后方位。

4 在运行的站内超限运输设备、材料等。

5 未定期检查电动工器具安全防护装置是否有效，切割机的锯片、砂轮等选用不符合要求，电焊机的接线安装不正确。

3、典型案例

案例 1

挖掘机作业时，在同一基坑内有人员同时作业

某变电站扩建现场，挖掘机在底部被掏空的道路上工作，且挖掘机作业时在同一基坑内有人员同时作业，存在机械倾覆及人身伤害风险，见图 3-17。该行为违反《国网电网有限公司电力建设安全工作规程　第 1 部分：变电》第 10.1.5.4 条的规定：挖掘机开挖时遵守下列规定：e）挖掘机作业时，在同一基坑内不应有人员同时作业。

图 3-17　某挖掘机作业现场

案例 2

搅拌机传动部分无外罩保护

某基建现场使用搅拌机传动部分无外罩保护，存在机械伤人风险，见图 3–18。该行为违反《国家电网有限公司电力建设安全工作规程　第 1 部分：变电》第 8.2.7.7 条的规定：各传动机构、工作装置、制动器等均应紧固可靠，开式齿轮、皮带轮等均应有防护罩。

图 3–18　某搅拌机作业现场

案例 3

吊车作业前未做好支腿支撑

某 110kV 变电站新建工程作业现场，起重机作业场地不平整，支腿倾斜，见图 3–19。该行为违反《国家电网有限公司电力建设安全工作规程　第 1 部分：变电》第 8.1.2.1 条的规定：起重机行驶和作业的场地应保持平坦坚实，机身倾斜度不得超过制造厂的规定。

图 3-19　某 110kV 变电站新建工程作业现场

案例 4

泵启动时在危险区域作业

某 220kV 变电站新建工程泵送混凝土时，操作人员手握末端软管作业，见图 3-20。该行为违反《国家电网有限公司电力建设安全工作规程　第 1 部分：变电》第 10.4.4.1 条的规定：泵启动时，人员不得进入末端软管可能摇摆触及的危险区域。

图 3-20　某 220kV 变电站新建工程现场

案例 5

吊车支腿支在电缆沟盖板上

某 1000kV 变电站扩建工程站用配电装置安装等作业现场，现场吊车支腿支在电缆沟盖板上，存在倾覆风险，见图 3-21。该行为违反《国家电网有限公司电力建设安全工作规程　第 1 部分：变电》第 8.1.2.1 条的规定：起重机行驶和作业的场地应保持平坦坚实，机身倾斜度不得超过制造厂的规定，其车轮、支腿或履带的前端、外侧与沟、坑边缘的距离不得小于沟、坑深度的 1.2 倍，小于 1.2 倍时应采取防倾倒、防坍塌措施。

图 3-21　某特高压交流 1000kV 变电站扩建工程现场

第二节　变压器解体、更换

变压器解体、更换作业主要存在变压器拆解过程机械伤害、物体打击、变压器移位过程机械伤害、站内吊装与带电设备安全距离不足引起触电、变压器台上作业高处坠落等风险。

一、触电类风险

1、检查要点

1. 现场主变压器转检修，各侧是否有明显断开点，接地措施是否完善、安全围栏等是否布置到位。
2. 拆、接主变压器一次引线时，接地措施是否完善；电缆拆除转移时，是否采取措施防止电缆摆动，是否与带电设备及线路保持安全距离。
3. 作业人员是否擅自移动或拆除接地措施。
4. 变压器排油时，油罐、油桶、管路、滤油机、油泵等工器具放置位置是否与带电设备保持足够的安全距离。
5. 吊车吊臂是否与带电设备保持安全距离，起重作业时，起重机具是否接地良好。
6. 邻近带电体吊装作业，是否明确吊装的边界条件，起重指挥和专责监护人是否全程监督管控，指挥信号传递是否清晰。

7 吊车是否可靠接地，接地线是否满足要求。

2、常见问题

1 现场主变压器转检修，两侧接地线或接地刀闸、安全围栏等安全措施未布置到位。

2 拆、接主变压器两侧一次电缆时，未保持电缆至少一点接地；电缆转移时没有与带电设备及线路保持安全距离；电缆拆除转移时，未采取措施防止电缆摆动。

3 变压器排油时，油罐、油桶、管路、滤油机、油泵等工器具放置位置没有与带电设备保持足够的安全距离。

3、典型案例

案例

接地线或接地刀闸等安全措施未布置到位

某公司301开关高压侧出线电缆头隐患处理作业现场，主变压器高压侧接地线未按工作票附图要求装设在正确位置，导致作业点实际未在接地保护范围，存在人员触电风险，见图3-22。该行为违反《电力安全工作规程　变电部分》（Q/GDW 1799.1—2013）第7.4.3条的规定：对于可能送电至停电设备的各方面都应装设接地线或合上接地刀闸（装置），所装接地线与带电部分应考虑接地线摆动时仍符合安全距离。

图 3-22　某公司 301 开关高压侧出线电缆头隐患处理作业现场

二、高处坠落类风险

1、检查要点

1. 高处作业人员安全带、登高工具是否合格。
2. 作业人员是否规范使用安全带。
3. 高处作业人员移位过程中是否失去保护。

2、常见问题

1. 使用破损严重或试验过期的安全带。
2. 安全带固定在不牢固的位置。
3. 人员移位时失去保护。
4. 上下梯子无人扶梯或利用专门爬梯时失去安全带保护。

3、典型案例

案例

高处作业未正确佩戴安全带

某公司220kV发展变电站备用基础备用主变压器吊罩检查、附件安装工程中，发现工作人员站在梯子1m限高标识以上操作而未正确使用安全带，存在高处坠落风险，见图3-23。该行为违反《电力安全工作规程　变电部分》（Q/GDW 1799.1—2013）第18.2.2条的规定：硬质梯子的横档应嵌在支柱上，梯阶的距离不应大于40cm，并在距梯顶1m处设限高标志。

图3-23　某公司220kV发展变电站工程现场

三、机械伤害类风险

1、检查要点

1. 吊车支腿地基是否平稳坚实，支腿是否完全打开；地基情况不明时，支腿下方是否使用枕木或钢板衬垫。
2. 吊臂下方或吊臂转动扇面内是否有人经过或有人逗留。
3. 吊钩有无闭锁装置及限位装置。
4. 作业班组人员是否了解并辨识吊车起吊作业过程中的危险点。
5. 吊芯、吊罩时是否进行试吊，是否使用起吊专用吊点。
6. 利用非吊装法进行主变压器更换时，采取主变压器转移及就位的方案是否全面，是否对主变压器转移及就位过程中主变压器存在倾倒的风险有认知，是否采取了针对性的措施，并保证如何落实。
7. 主变压器在进站行进过程中是否经过某些电缆沟及站内排水孔洞，是否存在吊车倾覆风险。
8. 根据起吊主变压器重量、主变压器就位位置、起吊半径、起吊高度核算所选吊车吨位是否合适，是否存在超载情况。

2、常见问题

1. 受限于场地造成吊车支腿无法展开或地面承载力不足，未采取其他防倾倒措施。

2 起吊所用的钢丝绳未经检验合格即投入使用或超其额定吨位使用，存在起吊过程中主变压器坠落伤人风险。

3 现场作业人员在吊臂下方或吊臂转动扇面内逗留。

4 采用非吊装法进行主变压器转移或就位时，所用的千斤顶突然泄力造成主变压器倾覆。

5 起吊过程中未使用缆风绳，导致吊起的主变压器失去控制。

3、典型案例

案例 1

起吊过程中未利用缆风绳进行方向控制

某 500kV 变电站 #2 主变压器抢修及基础制作现场，变压器高压套管起吊过程中未使用控制绳，存在设备受损及人身伤害风险。现场吊车吊钩无限位器，存在吊绳过卷扬风险，见图 3-24。该行为违反《电力安全工作规程　变电部分》（Q/GDW 1799.1—2013）第 17.2.1.4 条的规定：起吊重物前，应由工作负责人检查悬吊情况及所吊物件的捆绑情况，认为可靠后方准试行起吊。起吊重物稍一离地（或支持物），应再检查悬吊及捆绑情况，认为可靠后方准继续起吊。

图 3-24　某 500kV 变电站 #2 主变压器抢修及基础制作现场（一）

图 3-24 某 500kV 变电站 #2 主变压器抢修及基础制作现场（二）

案例 2

转移主变压器时，一侧千斤顶突然泄压造成主变压器短时倾斜

某公司在进行 110kV 主变压器转移时，采用液压顶推滑移法安装主变压器，在转序顶升时未及时在主变压器下方、轨道两侧垫入枕木，且一侧液压千斤顶误操作导致泄压，造成主变压器短时失稳倾斜，有倾倒伤人风险，见图 3-25。该行为违反《电力安全工作规程　变电部分》（Q/GDW 1799.1—2013）第 17.3.2.2 条的规定：千斤顶应设置在平整、坚实处，并用垫木垫平。千斤顶应与荷重面垂直，其顶部与重物的接触面间应加防滑垫层。

图 3-25 某 110kV 主变压器转移作业现场

四、物体打击类风险

1、检查要点

1. 变压器本体顶部作业时，是否使用工具包上下传递物品。
2. 在高处作业时，工具、物料的放置是否牢固。
3. 起吊物是否有坠落伤人风险。

2、常见问题

1. 变压器本体上作业时未使用工具包上传工器具，上下抛掷工器具。
2. 变压器本体作业时放置在本体平台上的工器具、机具等掉落。
3. 起吊物体时未捆绑紧固造成物体打击风险。

3、典型案例

案例 1

上下抛掷工器具，存在工器具伤人风险

某公司 110kV 某站 #2 主变压器更换、主变压器中低压侧母线桥包封作业现场，高处作业人员与地面人员多次上下抛扔传递工器具，存在工器具伤人风险，见图 3-26。该行为违反《电力安全工作规程　变电部分》（Q/GDW 1799.1—2013）第 18.1.13

条的规定：禁止将工具及材料上下投掷，应用绳索拴牢传递，以免打伤下方作业人员。

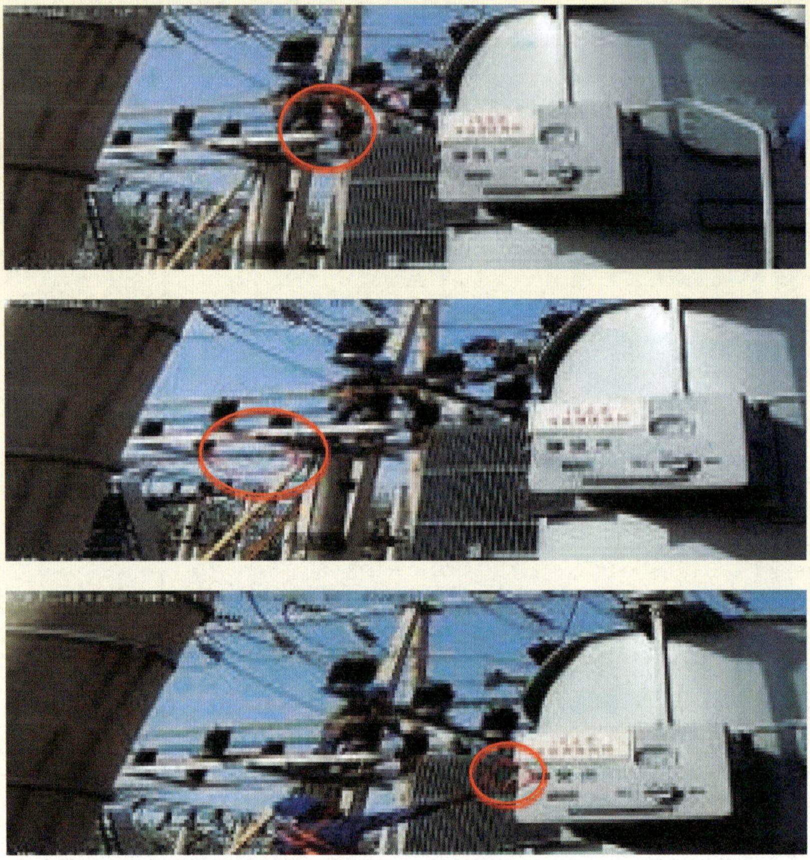

图 3-26　主变压器更换、主变压器中低压侧母线桥包封作业现场

案例 2

主变压器吊装捆绑未加包垫

某公司 66kV 变电站临时过渡工程 #3 变压器安装作业现场，吊装作业时，吊带与构架接触处未包垫，存在吊带磨损造成吊物坠落伤人风险，见图 3-27。该行为违反《国家电网有限公司电力建设安全工作规程　第 1 部分：变电》第 7.2.15 条的规定：若物体有棱角或特别光滑的部位时，在棱角和滑面与绳索（吊带）接触处应加以包垫。

图 3-27　某变压器安装作业现场

案例 3

吊车吊钩无防止脱钩的保险装置

某公司 220kV 变电站 110kV 送出工程基础施工作业现场，其使用的吊车吊钩无防止脱钩的保险装置，见图 3-28。该行为违反《电力安全工作规程　变电部分》（Q/GDW 1799.1—2013）第 17.3.3.1 条的规定：使用前应检查吊钩、链条、传动装置及刹车装置是否良好。吊钩、链轮、倒卡等有变形时，以及链条直径磨损量达 10% 时，禁止使用。

图 3-28　某 220kV 变电站 110kV 送出工程基础施工作业现场

第三节　设备安装

变电设备安装主要工作内容包括站内一、二次设备安装，作业过程存在触电、机械伤害、火灾、灼伤、爆炸、高处坠落等作业风险。督查人员应对照检查要点对关键安全措施是否完善、作业过程是否违章进行核查，及时发现并纠正各类违章行为。

一、触电类风险

1、检查要点

1. 改、扩建工程，工作区域与带电区域间是否设置有效硬隔离围栏，是否悬挂安全警示标志。
2. 在带电设备附近作业前是否计算校核安全距离，并针对性采取安全措施。
3. 起重作业起重指挥和司机是否参加现场勘察，是否明确吊车行驶路线、摆放位置及边界条件。
4. 在带电设备周围是否使用钢卷尺、金属梯等禁止使用的工器具。

2、常见问题

1. 计划工期超过 7 天的改、扩建工程，施工区域与带电区域未设置有效硬隔离围栏。

2 硬隔离围栏上未悬挂安全警示标志，或所悬挂的安全警示标志不齐全。

3 在带电设备附近作业前未对可能进入安全距离内的人员、机具、构件等进行安全距离计算校核，或安全距离不足时，未采取绝缘遮蔽措施或陪停相关设备。

4 邻近带电设备的起重作业，起重指挥和司机未参加现场勘察，行车路线不明确。

5 在带电设备周围使用金属尺进行测量。

3、典型案例

案例 1

施工区域未装设围栏

某 35kV 变电站 #2 主变压器扩建工程，施工区域与运行设备区域间未装设硬隔离围栏，存在作业人员误入带电区域的风险，见图 3-29。该行为违反《国家电网有限公司电力建设安全工作规程　第 1 部分：变电》第 6.1.4 条的规定：施工现场及周围的悬崖、陡坡、深坑、高压带电区等危险场所均应设可靠的防护设施及安全标志。

图 3-29　某 35kV 变电站 #2 主变压器扩建工程（一）

图 3-29　某 35kV 变电站 #2 主变压器扩建工程（二）

案例 2

施工区域硬隔离围栏警示标志不齐全

某 330kV 变电站扩建工程，工作地点围栏出入口处未悬挂“从此进出”标示牌，存在误入运行设备区域风险，见图 3-30。该行为违反《国家电网有限公司电力建设安全工作规程　第 1 部分：变电》第 12.3.3.3 条的规定：在室外高压设备上作业时，应在作业地点的四周设围栏，其出入口要围至邻近道路旁边，并设有“从此进出！”的安全标志牌。

图 3-30　某 330kV 变电站扩建工程

案例 3

高压带电设备附近使用铝制金属尺进行测量

某变电站室外设备区内设备支架安装现场，施工人员在高压带电设备附近使用铝制金属尺进行水准测量工作，存在高压触电风险，见图 3-31。该行为违反《电力安全工作规程　变电部分》（Q/GDW 1799.1—2013）第 16.1.9 条的规定：在带电设备周围禁止使用钢卷尺、皮卷尺和线尺（夹有金属丝者）进行测量工作。

图 3-31　某变电站室外设备区内设备支架安装现场

二、机械伤害类风险

1、检查要点

1　吊装区域是否设置隔离，有无专人指挥。

2　高处作业下方危险区内是否有人员停留或穿行。

3　设备进场及就位时应采取设备倾倒风险、设备安装时是否采取防止机械伤害的针对性措施。

2、常见问题

1 吊装区域未设置围栏。

2 作业人员在吊物下方控制吊物。

3 高处作业下方危险区内有人员停留或穿行。

3、典型案例

案例 1

吊车施工现场未设置围栏进行封闭管理

500kV 某变电站Ⅱ母、母线压变更换现场，现场涉及高处作业、吊车施工，未按照安规要求设置围栏进行封闭管理，存在人员误入危险区域的风险，见图 3-32。该行为违反《电力安全工作规程 变电部分》(Q/GDW 1799.1—2013)第 17.2.3.1 条的规定：在带电设备区域内使用汽车吊、斗臂车时，在道路上施工应设围栏，并设置适当的警示标志牌。第 18.1.12 条的规定：在进行高处作业时，除有关人员外，不准他人在工作地点的下面通行或逗留，工作地点下面应有围栏或装设其他保护装置，防止落物伤人。

图 3-32 500kV 某变电站Ⅱ母、母线压变更换现场

案例 2

施工人员在被吊物下方控制吊物方向

某 220kV 变电站 35kV 开关柜拆除、更换作业，现场使用吊车吊运 35kV 开关柜，起吊过程中作业人员站在吊物下方，使用铁钩（约 1.5m）控制吊物方向，有吊物坠落伤人风险，见图 3-33。该行为违反《电力安全工作规程　变电部分》（Q/GDW 1799.1—2013）第 17.2.1.5 条的规定：禁止与工作无关人员在起重工作区域内行走或停留。

图 3-33　某 220kV 变电站 35kV 开关柜拆除、更换作业现场

案例 3

施工人员在吊物下方

某公司 500kV 某变电一次电气设备安装、试验等作业现场，施工人员在被吊物下方作业，有吊物坠落伤人风险，见图 3-34。该行为违反《国家电网有限公司电力建设安全工作规程　第 1 部分：变电》（Q/GDW 11957.1—2020）第 8.1.1.6 条的规定：在起吊、牵引过程中，受力钢丝绳的周围、上下方、转向滑车内角侧、吊臂和起吊物的下面，禁止有人逗留和通过。第 8.2.1.1 条的规定：无关人员不得进入作业区或操作室内。

图 3-34　某公司 500kV 某变电一次电气设备安装、试验等作业现场

三、火灾、灼伤、爆炸类风险

1、检查要点

1. 动火作业是否办理动火作业票。
2. 动火作业是否配置消防器材并清理周围的易燃、易爆物品。
3. 动火作业人员是否具备动火作业资质。
4. 焊接作业时是否穿绝缘鞋，戴电焊手套，穿专用工作服，戴防护眼罩。
5. 现场动火作业及器具管理是否规范。
6. 变压器内部作业时，是否执行“先通风、再检测、后作业”要求；是否正确设置监护人；是否配置和正确使用安全防护装备、应急救援装备。

2、常见问题

1. 动火作业未办理动火作业票。
2. 动火作业区域未配置消防器材。

3 动火作业区域周围有易燃、易爆物品。

4 动火作业人员无资质，作业时未按要求佩戴防护用具。

5 明火切割工作间断时，喷枪未及时熄灭火焰。

6 氧气瓶与乙炔气瓶防振圈缺失。

7 有限空间作业前未进行气体监测、未进行充分通风即开始工作。

3、典型案例

案例 1

动火作业时灭火器未放置到位

某变电站 #2 主变压器扩建作业现场，开关柜电缆头制作动火作业时，灭火器未放置到位（放置在高压室门口），见图 3-35。该行为违反《国家电网有限公司电力建设安全工作规程 第 1 部分：变电》第 7.5.6 条的规定：动火作业前应清除动火现场及周围的易燃物品，或采取其他有效的防火安全措施，配备足够适用的消防器材。

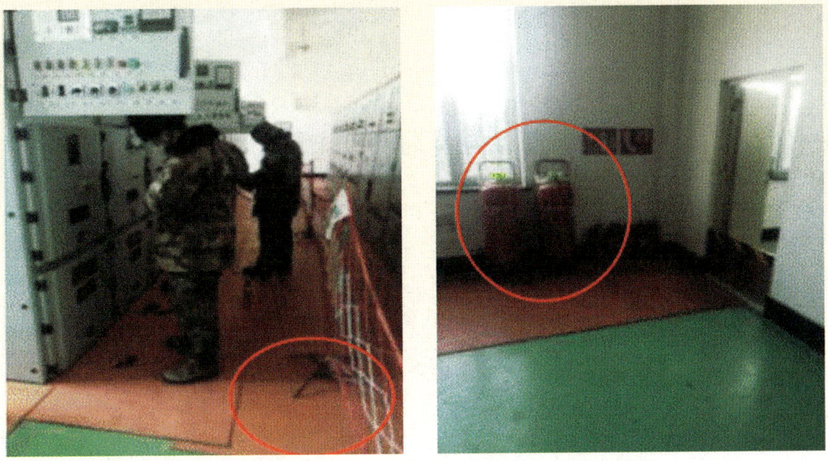

图 3-35　某变电站 #2 主变压器扩建作业现场

案例 2

动火作业前未清理周边易燃物品，且乙炔瓶、氧气瓶未安装防振圈

某 110kV 变电站扩建工程，乙炔瓶、氧气瓶未安装防振圈，乙炔瓶在易燃物（木板存放处）附近使用，存在火灾、爆炸风险，见图 3-36。该行为违反《国家电网有限公司电力建设安全工作规程　第 1 部分：变电》第 7.4.4.7 条的规定：气瓶存放处 10m 内禁止明火，不得与易燃物、易爆物同间存放。

图 3-36　某 110kV 变电站扩建工程现场

案例 3

氧气瓶与乙炔气瓶防振圈缺失

某 110kV 变电站 #2 主变压器大修现场存放的气瓶防振垫圈只有一个，与易燃易爆物放置在一起，无防倾倒措施，存在气瓶管理不到位风险，见图 3-37。该行为违反《国家电网有限公司电力建设安全工作规程　第 1 部分：变电》（Q/GDW 11957.1—2020）第 7.4.4.9 条的规定：乙炔气瓶存放时应保持直立，并应有防止倾倒的措施；第 7.4.4.20 条的规定：气瓶应配 2 个防振垫圈。

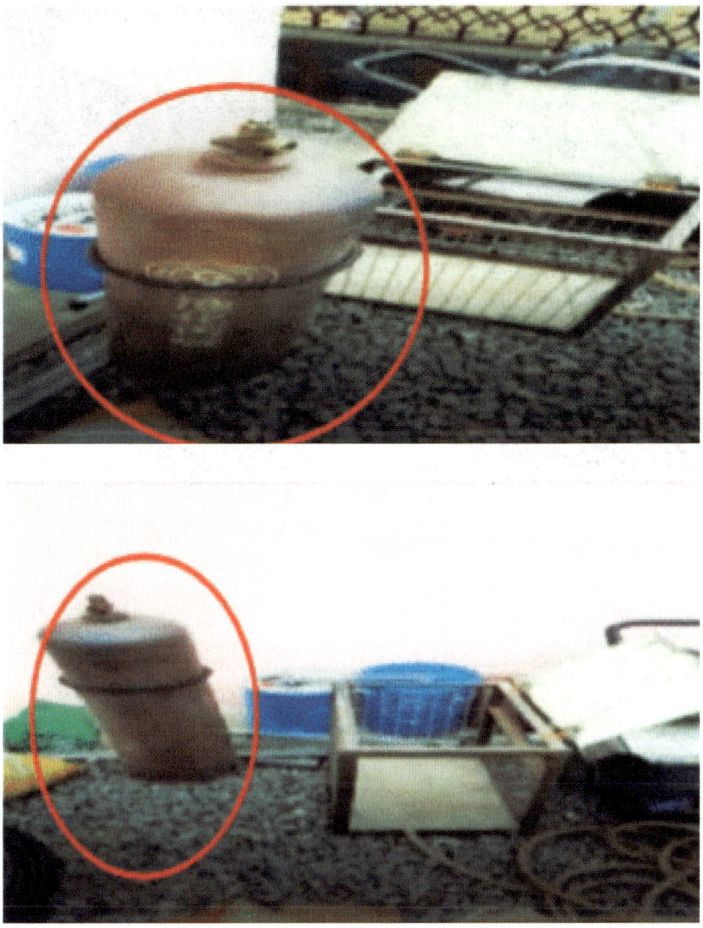

图 3-37　110kV 某变电站阳 #2 主变压器大修现场

案例 4

电焊作业时未使用防护用具

某 110kV 变电站工程，电焊作业人员在电焊作业过程中未使用防护用具，存在安全防护不到位风险，见图 3-38。该行为违反《国家电网有限公司电力建设安全工作规程　第 1 部分：变电》（Q/GDW 11957.1—2020）第 7.4.1.2 条的规定：作业人员在观察电弧时，应使用带有滤光镜的头罩或手持面罩，或佩戴安全镜、护目镜或其他合适的眼镜。

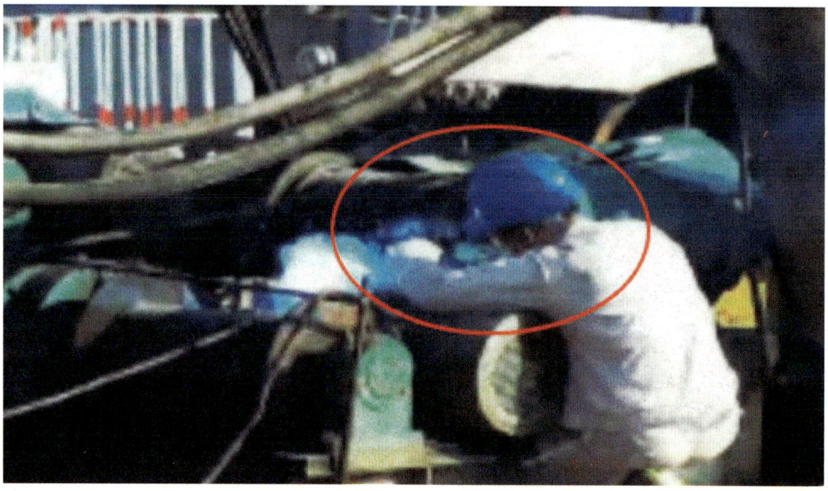

图 3-38　某 110kV 变电站工程现场

四、高处坠落类风险

1、检查要点

1 攀爬、登高作业是否采取保护措施或手扶扶手上下台阶，上下爬梯是否有人监护，是否攀爬绝缘套管。

2 登高作业是否规范使用安全带，是否有专人扶梯，脚手架搭设是否规范。

3 高处作业吊篮安装是否牢固，吊篮是否经检验合格。

2、常见问题

1 攀爬过程中失去安全防护，或沿脚手杆、绝缘套管攀爬。

2 安全带挂在不牢固构件上。

3 脚手架无护栏，单人登梯作业。

4 高空作业使用吊钩悬挂作业，高空作业车操作人员离开操作室。

3、典型案例

案例 1

高处作业安全带挂在不牢固构件上

某变电站开关设备更换工程，高处作业人员将安全带挂在隔离开关支持绝缘子上，后备保护绳挂在引流线端部，均为不牢固构件，存在高处坠落受伤风险，见图 3-39。该行为违反《电力安全工作规程　变电部分》（Q/GDW 1799.1—2013）第 18.1.8 条的规定：安全带的挂钩或绳子应挂在结实牢固的构件上，或专为挂安全带用的钢丝绳上，并应采用高挂低用的方式。禁止挂在移动或不牢固的物件上［如隔离开关（刀闸）支持绝缘子、CVT 绝缘子、母线支柱绝缘子、避雷器支柱绝缘子等］。

图 3-39　某变电站开关设备更换工程现场

案例 2

采用吊车悬吊高空作业平台方式进行作业

某 220kV 变电站架空线路进站作业现场，错误采用吊车悬吊高空作业平台方式进行作业，平台有所倾斜且无后备保护，存在高处坠落风险，见图 3-40。该行为违反《电力安全工作规程　变电部分》（Q/GDW 1799.1—2013）第 17.1.9 条的规定：吊物上不许站人，禁止作业人员利用吊钩来上升或下降。

图 3-40　某 220kV 变电站架空线路进站作业现场

案例 3

单人登梯作业，无人扶梯

某 500kV 变电站扩建工程，现场作业人员单人登梯作业，未安排专人扶梯，存在人员高处坠落风险，见图 3-41。该行为违反《国家电网有限公司电力建设安全工作规程　第 1 部分：变电》第 8.4.4.1 条的规定：梯子要求：e）梯子应放置稳固，梯脚要有防滑装置。使用前，应先进行试登，确认可靠后方可使用。有人员在梯子上作业时，梯子应有人扶持和监护。

图 3-41　某 500kV 变电站扩建工程作业现场

第四节　电气接入

电气接入主要工作内容包括作业风险管控、方案制定与实施，作业过程主要存在触电、电网事故、机械伤害等作业风险。

一、触电类风险

1、检查要点

1. 涉及两个及以上专业、单位参与的改、扩建等综合性作业，是否成立上级单位领导任组长，相关部门、单位参加的现场作业风险管控协调组，是否常驻现场督导和协调风险管控。

2. 施工方案、三措一案编审批是否规范，安全管控措施在现场是否严格执行。

3. 作业人员、机械设备与带电设备的安全距离是否满足安规要求；安全距离小于规定的要求时，是否采取可靠的安全防护措施。

2、常见问题

1. 涉及两个及以上专业、单位参与的改、扩建等综合性作业，如电气与土建施工作业有交叉、一次施工与二次施工不是同一单位且作业面有交叉、检修作业与电气试验作业面有交叉，未成立上级单位领导任组长，相关部门、单位参加的现场作业风险管控协调组，未常驻现场督导和协调风险管控。

2 施工方案、三措一案编审批不规范，相关管理人员对现场关键安全措施是否合理、能否落实未进行审核把关就签字。

3 安全管控措施在现场未严格执行，未严格按照施工方案中的关键点进行施工作业，现场作业与施工方案中存在两张皮现象。

4 电气接入方案未经过审批、技术措施未落实、作业组织不规范。

5 作业人员、机械设备与带电设备的安全距离不满足安规要求；安全距离小于规定的要求时，未采取可靠的安全防护措施，如物理隔离、陪停等。

3、典型案例

案例 1

检修方案、试验方案安全措施不完善

某超高压公司检修方案、试验方案安全措施不完善，安全距离未考虑斗臂车与带电体安全距离，方案中明确的最小安全距离500kV ≥ 5m、220kV ≥ 3m、35kV ≥ 1m，不满足最小安全距离要求。该行为违反《电力安全工作规程　变电部分》（Q/GDW 1799.1—2013）第 17.2.3.4 条的规定：作业时，起重机臂架、吊具、辅具、钢丝绳及吊物等与架空输电线及其他带电体的最小安全距离不得小于规定，且设专人监护。

案例 2

变电站内吊车起吊安全距离不足

某变电站检修现场，吊车指挥兼工作监护人邓某和吊车操作人员彭某违反规定，擅自采取从带电的 220kV#2 母 TV 引流线上方吊入的方式开展吊装作业，导致吊索与带电的 220kV#2 母 B 相 TV 引流线间距离不足放电，见图 3-42 ~ 图 3-44。该行为违反《电力安全工作规程　变电部分》（Q/GDW 1799.1—2013）

第 17.2.3.4 条的规定：作业时，起重臂架、吊具、辅具、钢丝绳及吊物等与架空输电线及其他带电体的最小安全距离不得小于规定，且设专人监护。

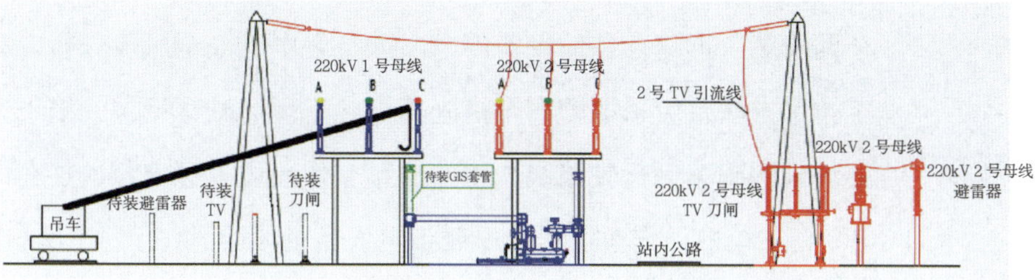

图 3-42　原吊装方式（由远及近）

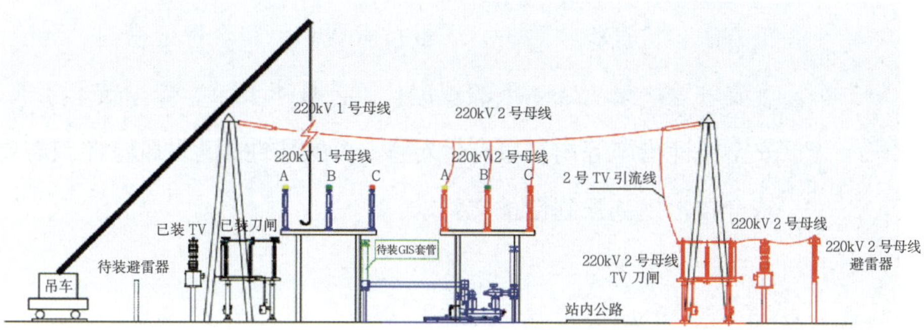

图 3-43　实际吊装方式（由近及远）

图 3-44　现场吊装情况

案例 3

施工方案可操作性不强、安全措施执行不到位

某公司 500kV 变电站内新增 220kV 间隔引线更换作业中，总施工方案及分方案均未见 220kV 新建间隔邻近带电Ⅱ母线安全网安装、拆除存在的设备停电、人员触电等安全风险分析、施工技术方法及应采取的安全措施等内容。现场勘察记录、施工方案均未明确车辆行驶路线、作业位置、作业边界等内容，存在吊车、高空车进场作业过程中误碰带电设备的风险。该行为违反《电力建设工程施工安全管理导则》第 12.5.3 条的规定：安全技术措施应包括施工概况、工艺技术及要求（技术参数、工艺流程、施工方法、检查验收等）、质量技术要求、安全保证措施、环境卫生要求等。第 12.5.4 条的规定：工艺技术要求、质量技术要求、安全保证措施等内容应有针对性、可操作性，满足风险控制需要，符合技术规范强制性条文要求。

二、电网事故类风险

1、检查要点

1　作业人员、机械设备是否穿越安全围栏，是否误碰或误动其他运行设备。

2　在继保屏上作业时，运行设备与检修设备是否设置明显标志隔开，或在保护盘上或附近进行振动较大的工作时，是否采取防跳闸的安全措施。

2、常见问题

1 现场作业隔离措施不彻底、不合理，存在误动、误碰运行设备的危险。

2 现场安全措施布置不合理，相关标识牌缺失。

3 对于二次作业，未正确使用二次安全措施票或严格按照二次安全措施票进行措施落实。

3、典型案例

案例

现场作业标示牌悬挂错误

某 110kV 综合修试工作现场，现场标示牌悬挂错误，应在 3021 隔离开关悬挂的“禁止合闸，有人工作”标示牌，现场错挂至 3023 隔离开关，存在安全措施执行不到位风险。该行为违反《电力安全工作规程　变电部分》（Q/GDW 1799.1—2013）第 6.3.11.2 条的规定：工作负责人（监护人）：b）检查工作票所列安全措施是否正确完备，是否符合现场实际条件，必要时予以补充完善。

三、机械伤害类风险

1、检查要点

1 吊装区域是否设置隔离，有无专人指挥；是否有人逗留或通过。

2 高处作业下方危险区内是否有人员停留或穿行。

3 设备进场及就位时是否采取防止设备倾倒风险、设备安装时是否采取防止机械伤害的针对性措施，如主变压器、开关吊装时如何防摆动，开关柜如何就位等。

4 对可能造成伤害的机械设备是否采取防护措施。

2. 常见问题

1 吊装现场有人逗留。

2 吊装现场无吊车指挥人员进行指挥。

3 起吊物起吊时无缆风绳进行方向控制。

3. 典型案例

案例 1

切割时未佩戴防护眼镜

某 220kV 变电站 #3 主变压器扩建工程，现场使用切割机切割工件时，操作人员未佩戴防护眼镜，存在机械伤害风险，见图 3-45。该行为违反《国家电网有限公司电力建设安全工作规程 第 1 部分：变电》第 8.3.10.4 条的规定：切割时，操作者应偏离砂轮片正面，并戴好防护眼镜。

图 3-45　某 220kV 变电站 #3 主变压器扩建工程现场

案例 2

熔焊作业，操作人员未戴防护面罩

某 220kV 熔焊作业现场，操作人员未戴防护面罩，见图 3-46。该行为违反《国家电网有限公司电力建设安全工作规程 第 1 部分：变电》第 8.2.19.6 条的规定：焊接操作时应戴防护眼镜及手套，并站在橡胶绝缘垫或干燥木板上。工作棚应用防火材料搭设，棚内不得堆放易燃易爆物品，并应备有灭火器材。

图 3-46　某 220kV 熔焊作业现场

案例 3

GIS 设备吊装作业起重机械使用不规范

220kV 某开关站 HGIS 组合电器安装作业，吊车支腿的枕木数量不足且尺寸不规范（长度小于 1.2m），吊车接地线接地体埋深不足 0.6m，存在吊车倾倒伤人伤设备风险，见图 3-47。该行为违反《国家电网有限公司电力建设安全工作规程　第 1 部分：变电》第 6.5.5 条的规定：人工接地体的顶面埋设深度不宜小于 0.6m。

图 3-47　220kV 某开关站 HGIS 组合电器安装作业现场

第五节　GIS 设备检修

GIS 设备检修作业过程中主要存在触电类风险、中毒及窒息类风险、高处坠落类风险、机械伤害类风险。

一、触电类风险

1、检查要点

1 工作票中是否注明停电设备和相邻带电设备，且与现场设备实际位置、状态相符。

2 对相邻带电设备是否设置有效隔离措施，不满足安全距离的带电设备是否安排陪停。

3 耐压试验时，试验场地是否设置全封闭安全围栏并使用绝缘垫、绝缘靴、绝缘手套等。

2、常见问题

1 在带电设备附近作业前，未根据带电体安全距离要求，对施工作业中可能进入安全距离内的人员、机具、构件等进行计算校核。

2 在带电设备附近作业安全距离不足时，未采取绝缘遮蔽或陪停等有效措施。

3 耐压试验时，试验场地未设置全封闭安全围栏，未使用绝缘垫、绝缘靴、绝缘手套等。

3、典型案例

案例

勘察记录停电范围未填写完整

某变电站GIS设备混合气体大修作业现场，发现现场实际已拉开502开关，勘察记录停电范围未填写。145–4隔离开关（刀闸）母线侧带电，保留带电部位未填写该处设备带电，存在现场勘察不到位风险。施工方案中停电范围描述有误，现场实际为110kV #5母线停电，施工方案中误写为110kV #2母线，存在施工方案编审不到位风险。该行为违反《电力安全工作规程　变电部分》（Q/GDW 1799.1—2013）第6.2条的规定：变电检修（施工）作业，工作票签发人或工作负责人认为有必要现场勘察的，检修（施工）单位应根据工作任务组织现场勘察，并填写现场勘察记录。现场勘察由工作票签发人或工作负责人组织。

二、中毒、窒息类风险

1、检查要点

1 SF_6气瓶搬运和保管时，安全帽、防振圈是否齐全，安全帽是否拧紧。

2 室内 GIS 设备检修时，排风机是否打开；固定安装的氧量仪和 SF_6 气体泄漏报警仪是否工作正常；是否有 SF_6 和含氧量检测记录。

3 GIS 设备现场解体时，是否采取有效通风措施，提前对 SF_6 气体进行检验；检修人员是否穿着防护服并根据需要佩戴防毒面具或正压式空气呼吸器。

4 有限空间作业时，是否执行“先通风、再检测、后作业”要求；是否正确设置监护人及配置和正确使用安全防护装备、应急救援装备。

2、常见问题

1 有限空间作业前未通风，气体检测浓度高于规定要求。

2 有限空间作业未在入口设置监护人或监护人擅离职守。

3 有限空间作业现场气体检测仪、呼吸器、通风机等安全防护装备和应急救援装备配备不足或使用不规范。

4 有限空间作业中毒、窒息风险辨识及预控措施不到位。

3、典型案例

案例 1

GIS 设备改造方案中对 SF_6 气体分解物中毒风险辨识防范不到位

某变电站 220kV Ⅰ母分段改造工作中涉及新旧气室对接、GIS 气室清理，施工方案中未辨识出 SF_6 气体分解物中毒风险，未采取管控措施，存在现场作业人员不清楚危险点的风险。该行为违反《电力安全工作规程　变电部分》（Q/GDW 1799.1—2013）第 11.10 条的规定：设备解体检修前，应对 SF_6 气体进行检验。根据有毒气体的含量，采取安全防护措施。检修人员需穿着防护服并根据需要佩戴防毒面具或正压式空气呼吸器。打开设备封盖后，现场所有人员应暂离现场 30min。取出吸附剂和清除粉尘时，检修人员应戴防毒面具或正压式空气呼吸器和防护手套。

案例 2

GIS 设备作业时未佩戴安全防护用具

某公司 110kV 某变电新建工程 GIS 设备安装时，GIS 开盖擦拭过程中未按要求佩戴指定手套，见图 3-48。该行为违反《国家电网有限公司电力建设安全工作规程　第 1 部分：变电》第 11.3.13 条的规定：取出六氟化硫断路器、组合电器中的吸附物时，应使用防护手套、护目镜及防毒面具（或正压式空气呼吸器）等个人防护用品，清出的吸附剂、金属粉末等废物应按照规定进行处理。

图 3-48　作业人员 GIS 开盖擦拭过程中未按要求佩戴指定手套

三、高处坠落类风险

1、检查要点

1 在 GIS 组合电器顶部表面检查作业，是否采取有效防滑和防坠落措施。

2 在脚手架搭设的平台上或梯子上高处作业时，是否正确佩戴安全带，做好防高处坠落措施。

2、常见问题

1 在 GIS 组合电器顶部表面检查作业，未采取有效防滑和防坠落措施。

2 在脚手架搭设的平台上或梯子上高处作业时，未正确佩戴安全带，未做好防高处坠落措施。

3、典型案例

案例 1

现场使用的脚手架一侧缺少护栏

110kV 某变电站 GIS 设备安装现场，现场使用的脚手架一侧缺少护栏，存在人员高处坠落风险，见图 3-49。该行为违反《国家电网有限公司电力建设安全工作规程　第 1 部分：变电》第 10.3.3.10 条的规定：脚手架的外侧、斜道和平台应设 1.2m 高的护栏，0.6m 处设中栏杆和不小于 180mm 高的挡脚板或设防护立网。

图 3-49　110kV 某变电站 GIS 设备安装现场

案例 2

GIS 设备吊装起吊设备有效期过期

500kV 某变电站 220kV 送出工程新建工程中，HGIS 组合电器本体二次电缆敷设及接线、抽真空及注气，报审表内部分吊装带、安全绳有效期过期，存在使用不合格工器具风险。该行为违反《电力安全工作规程　变电部分》（Q/GDW 1799.1—2013）第 4.2.3 条的规定：现场使用的安全工器具应合格并符合有关要求。

四、机械伤害类风险

1、检查要点

1　吊装是否按照厂家规定程序进行，选用合适的吊装设备和正确的吊点，设置缆风绳控制方向，并设专人指挥，吊装作业下方严禁站人。

2　是否根据 GIS 的单体重量配备吊车、吊绳，并计算出吊绳的长度及夹角、起吊时吊臂的角度及吊臂伸展长度，同时还要考虑吊车的转杆半径和起吊高度。

3 室内天吊是否经过有关部门验收合格后再使用。

4 户外安装时，GIS 吊装是否设置溜绳，起吊时指令是否明确，进入就位地点时是否缓慢下落以防止设备损坏及砸伤人员。

2、常见问题

1 GIS 吊装未按厂家规定程序进行，吊装设备及吊点选择不合适。

2 GIS 吊装未设置缆风绳控制方向，进入就位地点时急速松勾就位。

3 GIS 吊装未设置专人指挥，起吊时指令不明确。

4 GIS 吊装作业吊臂、起吊物下方站人。

5 起重机械无检验合格证书。

3、典型案例

案例

起重机械检验日期有误

110kV Ⅰ母所属 GIS 设备、110kV 分段 #80 开关 GIS 设备大修，GIS 室桥式起重机检验标识下次检验日期与台账录入不一致，存在特种设备安全管理不到位风险，见图 3-50。该行为违反《电力安全工作规程　变电部分》(Q/GDW 1799.1—2013)中的规定：特种设备［锅炉、压力容器（含气瓶）、压力管道、电梯、起重机械、场（厂）内专用机动车辆］，在使用前应经特种设备检验检测机构检验合格，取得合格证并制定安全使用规定和定期检验维护制度。同时，在投入使用前或者投入使用后 30 日内，使用单位应当向直辖市或者设有区的市的特种设备安全监督管理部门登记。

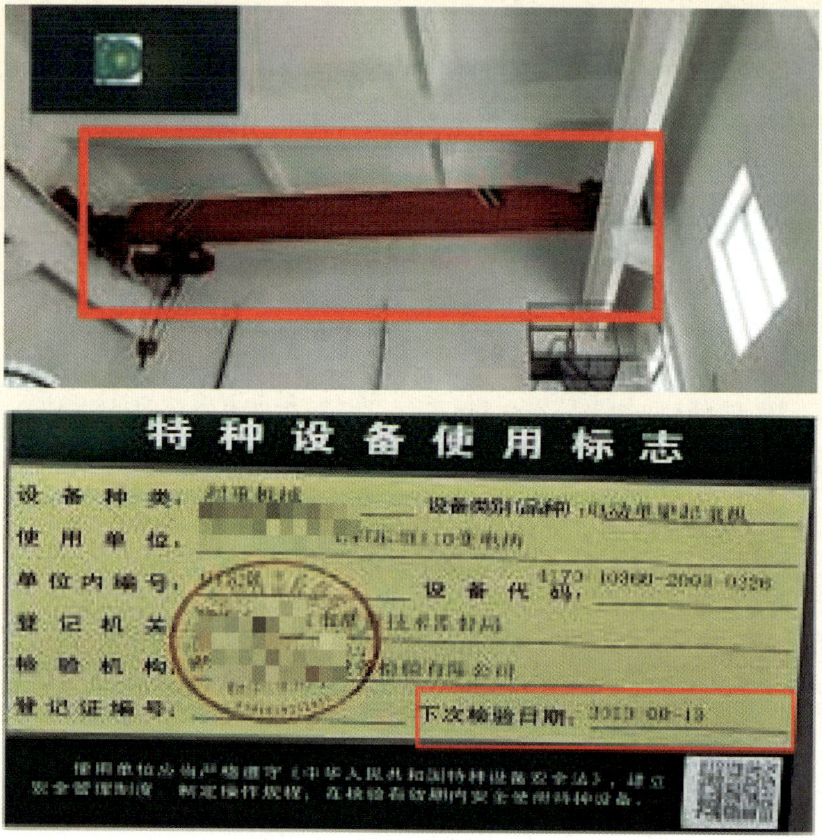

图 3-50　110kV Ⅰ母所属 GIS 设备、110kV 分段 #80 开关 GIS 设备大修现场

第六节　开关柜检修

开关柜检修作业过程主要存在：①作业人员误入带电间隔、误触带电设备；②检修设备各来电侧反送电；③作业中擅自扩大作业范围；④接地线未在保护范围内；⑤火灾、爆炸；⑥中毒、窒息；⑦高处坠落等风险。督查人员应对照检查要点对关键安全措施是否完善、作业过程是否违章进行核查，及时发现并纠正各类违章行为。

一、触电类风险

1、检查要点

1 现场实际检修的开关间隔编号、作业内容与工作票所列工作内容、作业计划是否一致。

2 工作票所列的安全措施是否正确完备，是否符合现场实际条件。

3 开关检修作业时开关手车是否拉至“检修位置”，开关柜前柜门是否关闭并上锁；固定式开关柜开关检修是否在两侧装设接地线或合上接地开关。

4 开关各类控制电源、储能电源和保护装置电源是否断开并确定有无电压。

5 保护年检作业时，检查开关手车是否在“试验位置”，开关柜前柜门是否关闭上锁；保护校验时，继电保护校验仪用电是否使用带漏电保护器的移动式电源盘且可靠接地；开关手车位置变换情况是否记录在工作票上。

2、常见问题

1 母线及出线未转检修的情况下，擅自开启开关柜母线室柜门、小车仓室柜门、出线室检修小窗等。

2 开关柜内手车开关拉出后，隔离带电部位的挡板未可靠封闭或擅自开启隔离带电部位的挡板。

3 现场布置安全措施与工作票安全措施不一致或工作票安全措施填写错误。

4 接地线装设在绝缘护套的连接排上，因接地不可靠而导致作业点未在接地保护范围。

5 进行变电站内开关柜的电缆接入工作时，未在电缆两端装设接地线。

6 电压互感器、站用变压器检修时工作票及现场安全措施未拉开电压互感器二次空气开关及站用变压器低压侧总开关。

7 开展机构消缺或保护年检工作时，开关小车位置状态改变情况未履行正式的变更手续并做相应过程记录。

8 变电站内开关柜例行试验过程中试验人员未使用绝缘垫，装、拆试验线时未佩戴线手套。

3、典型案例

案例 1

强行打开开关柜隔离挡板导致触电

某公司当值电气运行人员曹某在进行发电机并网前检查过程中，强行打开柜内隔离挡板清理灰尘时，触碰发电机出口 10kV 开关静触头而导致触电，经抢救无效死亡，见图 3-51。该行为违反《电力安全工作规程　变电部分》（Q/GDW 1799.1—2013）第 7.5.4 条的规定：高压开关柜内手车开关拉出后，隔离带电部位的挡板封闭后禁止开启，并设置“止步，高压危险！”的标示牌。

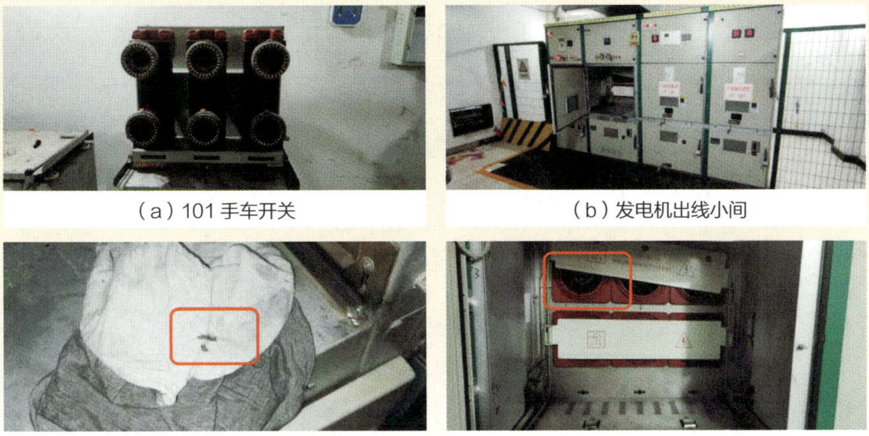

（a）101 手车开关　（b）发电机出线小间

（c）擦拭用并带有放电痕迹的抹布　（d）101 手车开关柜触电位置

图 3-51　发电机并网前检查现场

案例 2

工作票未将站外线路侧防反送电安全措施列入票内管控

某公司 110kV 变电站某 10kV 线路间隔出线电缆恢复接入作业现场，现场所持的变电第一种工作票只明确了站内安全措施，未将站外配电线路侧所采取的防反送电安全措施（拉开线路侧各分支开关并悬挂接地线）列入票内进行管控，见图 3-52。该行为违反《电力安全工作规程　变电部分》（Q/GDW 1799.1—2013）第 7.4.3 条的规定：对于可能送电至停电设备的各方面都应装设接地线或合上接地刀闸（装置），所装接地线与带电部分应考虑接地线摆动时仍符合安全距离。

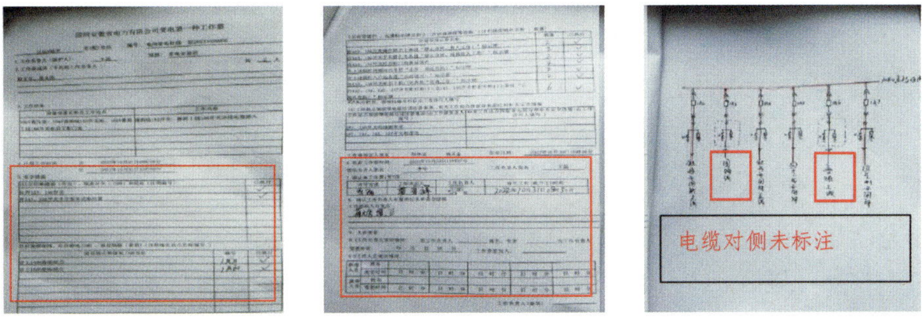

图 3-52　作业现场第一种工作票

案例 3

工作票中未体现防反送电安全措施

某公司 35kV 变电设备柜放电异常处理作业现场，发现现场进行 35kV 开关柜动、静触头擦拭（除尘、除湿）工作时，操作票、工作票中均未体现“拉开站用变压器低压侧交流柜空气开关并挂牌”等防反送电安全措施，见图 3-53。该行为违反《电力安全工作规程　变电部分》（Q/GDW 1799.1—2013）第 7.2.2 条的规定：检修设备停电，应把各方面的电源完全断开（任何运行中的星形接线设备的中性点，应视为带电设备）。禁止在只经断路器（开关）断开电源或只经换流器闭锁隔离电源的设备上工作。

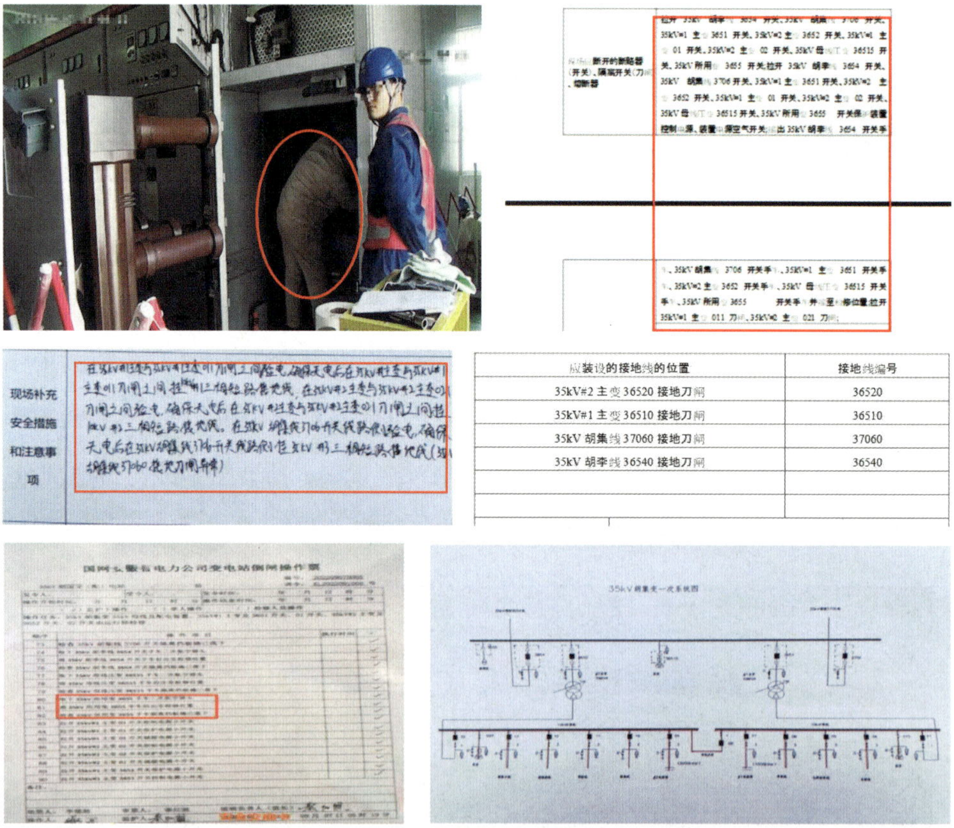

图 3-53　某 35kV 变电设备柜放电异常处理作业现场

案例 4

现场实际位置与工作票不一致

某公司 220kV 变电站 35kV 备用 528 开关、电流互感器投运前检查试验、保护定值调整作业现场，现场开关位置（试验位置）与工作票中 528 开关检修位置不一致，且前柜门处于打开状态（35kV 母线侧静触头带电），见图 3-54。该行为违反《电力安全工作规程　变电部分》（Q/GDW 1799.1—2013）第 6.4.2 条的规定：运维人员不得变更有关检修设备的运行接线方式。工作负责人、工作许可人任何一方不得擅自变更安全措施，工作中如有特殊情况需要变更时，应先取得对方的同意并及时恢复。变更情况及时记录在值班日志内。

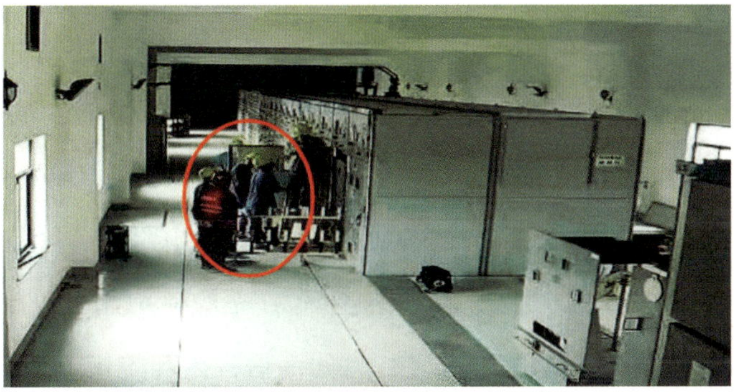

图 3-54　某变电站保护定值调整作业现场

案例 5

试验人员未使用绝缘垫，装、拆试验线未佩戴线手套

某公司 110kV 变电站 35kV 开关间隔例行试验、设备检查作业现场，发现试验过程中试验人员未使用绝缘垫，装、拆试验线未佩戴线手套，存在试验人员触电的风险，见图 3-55。该行为违反《电力安全工作规程　变电部分》（Q/GDW 1799.1—2013）第 14.1.6 条的规定：高压试验作业人员在全部加压过程中，应精力集中，随时警戒异常现象发生，操作人应站在绝缘垫上。

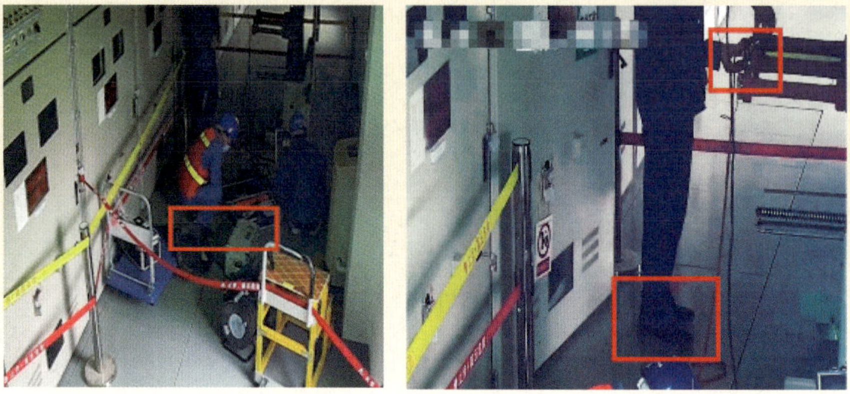

图 3-55　某 110kV 变电站 35kV 开关间隔例行试验、设备检查作业现场

案例 6

现场与工作票安全措施不一致或工作票安全措施填写错误

某公司 110kV 变电站 35kV 济淮 3N9 开关保护装置更换及保护调试作业现场，发现现场执行的工作票中应拉开的刀闸双重名称填写错误，将 3N93 刀闸错误填写为 3N91 刀闸，见图 3-56。该行为违反《电力安全工作规程　变电部分》（Q/GDW 1799.1—2013）第 6.3.7.1 条的规定：工作票应使用黑色或蓝色的钢（水）笔或圆珠笔填写与签发，一式两份，内容应正确，填写应清楚，不得任意涂改。如有个别错、漏字需要修改，应使用规范的符号，字迹应清楚。

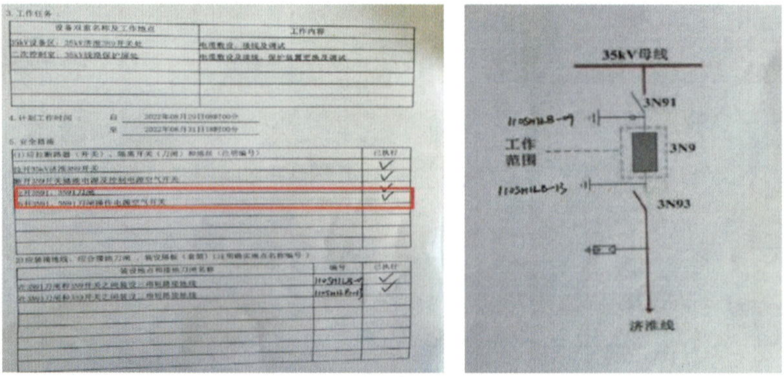

图 3-56　某保护装置调试作业现场执行的工作票

案例 7

接地线装设在有绝缘护套的连接排上导致接地不可靠

某公司 110kV 变电站 #2 主变压器吊罩检查及拆除，主变压器三侧断路器参数核对作业现场，发现 #1 接地线 A、B 相装设在有绝缘护套的铝排上，接地不可靠，存在触电风险，见图 3-57。该行为违反《电力安全工作规程　变电部分》（Q/GDW 1799.1—2013）第 7.4.9 条的规定：装设接地线应先接接地端后接导体端，接地线应接触良好，连接应可靠。采用三相短路式接地线，若使用分相式接地线时，应设置三相合一的接地端。

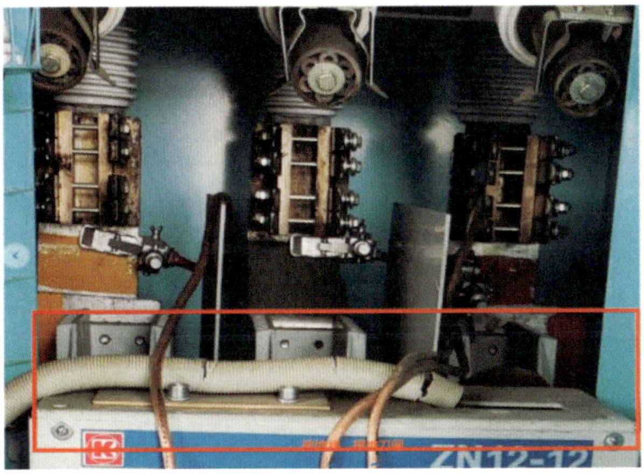

图 3-57　某公司 110kV 变电站 #2 主变压器吊罩检查及拆除现场

二、高处坠落类风险

1、检查要点

1　在开关柜上部检修作业时，检修人员是否正确使用单梯，临空一面是否装设安全网或防护栏杆，或者作业人员是否正确使用安全带。

2 开关柜检修时，开关室内的电缆沟或电缆半层盖板取下后是否及时设置临时围栏和警示标识。

2、常见问题

1 在开关柜上部检修作业时，检修人员未正确使用单梯，临空一面未装设安全网或防护栏杆，作业人员未正确使用安全带。

2 开关柜检修作业时，电缆沟或电缆半层盖板取下后未及时设置临时围栏和警示标识。

3、典型案例

案例 1

电缆半层盖板取下后未及时设置临时围栏和警示标识

某公司 110kV 变电站 10kV 待用 522 间隔业扩工作作业现场，发现检修工作中将坑口盖板取下，未及时设置临时围栏和警示标识，存在人员跌落受伤风险，见图 3-58。该行为违反《电力安全工作规程　变电部分》（Q/GDW 1799.1—2013）第 15.2.1.10 条的规定：开启电缆井井盖、电缆沟盖板及电缆隧道人孔盖时应使用专用工具，同时注意所立位置，以免滑脱后伤人。开启后应设置标准路栏围起，并有人看守。作业人员撤离电缆井或隧道后，应立即将井盖盖好。

图 3-58　某 110kV 变电站 10kV 待用 522 间隔业扩工作作业现场

案例 2

开关柜作业单梯使用不规范

某公司 220kV 变电站重建工程，开关柜安装作业时，现场使用单体绝缘梯距梯顶 1m 处无限高标志，见图 3-59。该行为违反《电力安全工作规程　变电部分》（Q/GDW 1799.1—2013）第 18.2.2 条的规定：硬质梯子的横档应嵌在支柱上，梯阶的距离不应大于 40cm，并在距梯顶 1m 处设限高标志。使用单梯工作时，梯与地面的倾斜角度约为 60°。

图 3-59　某公司 220kV 变电站重建工程现场

三、火灾、爆炸类风险

1、检查要点

1. 动火作业是否办理相应的动火工作票。
2. 从事动火作业的特种作业人员是否依法取得资格证书。
3. 动火作业前，作业现场是否清除动火现场及周围的易燃物品。
4. 动火作业现场是否按规定配备合格的消防器材。

2、常见问题

1. 动火作业未办理动火作业票，未配置消防器材并清理周围的易燃物品。
2. 焊接作业人员无动火作业资质，作业时个人防护措施不符合要求。

3、典型案例

案例

开关柜检修动火作业时现场未按规定配备消防器材

某公司变电检修班在变电站从事主变压器 10kV 母线桥与避雷器连接排加装绝缘护套工作，现场作业处有喷灯和燃气灌，未见动火工作票及防火措施，见图 3-60。该行为违反《电力安全工作规程　变电部分》（Q/GDW 1799.1—2013）第 16.6.10.5 条的规定：动火作业应有专人监护，动火作业前应清除动火现场及周围的易燃物品，或采取其他有效的安全防火措施，配备足够适用的消防器材。

图 3-60　10kV 母线桥与避雷器连接排加装绝缘护套的工作现场

四、中毒、窒息类风险

1、检查要点

1　开关室内电缆夹层有限空间作业是否在作业入口处设专责监护人。

2　开关室内电缆夹层有限空间作业是否坚持“先通风、再检测、后作业”的原则；作业前是否进行风险辨识，分析有限空间内气体种类并进行评估监测，做好记录；出入口是否保持畅通并设置明显的安全警示标志，并根据需要在电缆沟出入口设置安全防护围栏，夜间是否设警示红灯。

3　开关室内电缆夹层有限空间作业是否按要求开展检测，确保作业现场的氧气含量为 19.5% ~ 23.5%；有害有毒气体、可燃气体、粉尘容许浓度是否符合国家标准规定的安全要求。

4　发现通风设备停止运转、有限空间内氧含量浓度低于或者有毒有害气体浓度高于国家标准或者行业标准规定的限值时，是否立即停止有限空间作业，清点作业人员并撤离作业现场。

5 在有限空间作业场所是否配备安全和抢救器具，如防毒面罩、呼吸器具、通信设备、梯子、绳缆以及其他必要的器具和设备。

6 在有限空间作业场所是否使用安全矿灯或36V以下的安全灯，潮湿环境下是否使用12V的安全电压；使用超过安全电压的手持电动工具时，是否按规定配备剩余电流动作保护装置（漏电保护器）。

2、常见问题

1 开关室内电缆夹层有限空间作业未在作业入口处设专责监护人。

2 开关室内电缆夹层有限空间作业未坚持“先通风、再检测、后作业”的原则；作业前未进行风险辨识，未分析有限空间内气体种类并进行评估监测，做好记录；出入口未保持畅通并设置明显的安全警示标志，未根据需要在电缆沟出入口设置安全防护围栏，夜间未设警示红灯。

3 开关室内电缆夹层有限空间作业未按要求开展气体检测，作业现场的氧气含量不在19.5%～23.5%区间；有害有毒气体、可燃气体、粉尘容许浓度不符合国家标准的安全要求。

4 发现通风设备停止运转、有限空间内氧含量浓度低于或者有毒有害气体浓度高于国家标准或者行业标准规定的限值时，未立即停止有限空间作业，清点作业人员并撤离作业现场。

5 在有限空间作业场所未配备安全和抢救器具，如防毒面罩、呼吸器具、通信设备、梯子、绳缆以及其他必要的器具和设备。

6 在有限空间作业场所未使用安全矿灯或36V以下的安全灯，潮湿环境下未使用12V的安全电压；使用超过安全电压的手持电动工具，未按规定配备剩余电流动作保护装置（漏电保护器）。

3、典型案例

案例

六氟化硫气瓶未盖紧瓶帽

某 110kV 变电站主变压器增容工程，使用后的六氟化硫气瓶未采取防晒、防潮的遮盖措施，且个别气瓶未盖紧瓶帽，存在剩余气体泄漏的风险，见图 3-61。该行为违反《电力安全工作规程　变电部分》（Q/GDW 1799.1—2013）第 11.17 条的规定：SF_6 气瓶应放置在阴凉干燥、通风良好、敞开的专门场所，直立保存，并应远离热源和油污的地方，防潮、防阳光暴晒，并不得有水分或油污粘在阀门上。

图 3-61　某 110kV 变电站主变压器增容工程作业现场

第七节　线路参数测试

线路参数测试作业过程主要存在高压触电、感应电伤人等作业风险。督查人员应对照检查要点对关键安全措施是否完善、作业过程是否违章进行核查，及时发现并纠正各类违章行为。

一、触电类风险

1、检查要点

1. 工作前是否仔细核对设备名称、编号及位置。
2. 高压测试杆挂接试验引线时，是否做好固定措施，是否有倾倒或试验引线摆动幅度过大的风险。
3. 同杆架设线路测试时，是否对同杆架设的其他线路安排陪停或采取其他防止感应电触电的措施。
4. 接、换试验引线前，是否确认线路侧处于接地状态。
5. 接、换试验引线或操作仪器仪表时，是否使用绝缘靴、绝缘手套、绝缘垫及其他防护手段，并使用绝缘引线。

2、常见问题

1. 停电工作的设备，可能来电的各方未在正确位置装设接地措施。
2. 接地线或接地刀闸重要安全措施未在工作票上准确登录。
3. 作业人员擅自移动或拆除接地措施。
4. 高压试验变更接线或试验结束时，未将升压设备的高压部分放电、短路接地。
5. 接、换试验引线或操作仪器仪表时，未使用绝缘靴、绝缘手套、绝缘垫及防护手段。

6 线路参数测试前未进行现场勘察，未了解线路同杆架设等情况，未对同杆架设的其他线路安排陪停或采取其他防感应电触电的措施。

3、典型案例

案例 1

未接地情况下直接拆除引线

某公司进行 220kV 线路参数测试工作，参数测试操作人员在未接地的情况下，直接拆除测试装置端的试验引线，同时未按规定使用绝缘鞋、绝缘手套及绝缘垫，线路感应电通过试验引线经身体与大地形成通路，导致触电。该行为违反《国家电网有限公司电力建设安全工作规程　第 1 部分：变电》第 11.14.4.10 条的规定：线路参数测试应遵守下列规定：c）测试实施阶段：5）挂接试验线、变更或拆除接线时，被测线路应保持可靠接地状态。8）参数测试操作人员应穿绝缘靴或站在绝缘台（垫）上，并戴绝缘手套。

案例 2

线路参数测试变更试验接线时未戴绝缘手套

某 110kV 变电站开展 110kV 线路参数测试工作过程中，试验人员变更试验接线时未戴绝缘手套，存在人员触电风险，见图 3-62。该行为违反《电力安全工作规程　变电部分》（Q/GDW 1799.1—2013）第 7.3.2 条的规定：高压验电应戴绝缘手套。验电器的伸缩式绝缘棒长度应拉足，验电时手应握在手柄处不得超过护环，人体应与验电设备保持规定的距离。雨雪天气时不得进行室外直接验电。

图 3-62　110kV 线路参数测试工作现场

案例 3

线路参数测试试验人员未按要求使用绝缘垫

某 220kV 变电站开展 220kV 线路参数测试工作，试验过程中试验人员未按规定要求使用绝缘垫，存在人员触电风险，见图 3-63。该行为违反《电力安全工作规程　变电部分》（Q/GDW 1799.1—2013）第 14.2.4 条的规定：工作时应戴手套和护目眼镜，站在绝缘垫上，并应有专人监护。

图 3-63　220kV 线路参数测试工作现场

第四章

输电专业安全监督检查

四个管住

管住计划
管住队伍
管住人员
管住现场

第一节　基础施工

基础施工作业过程主要存在触电、坍塌、物体打击、机械伤害等作业风险。督查人员应对照检查要点对关键安全措施是否完善、作业过程是否违章进行核查，及时发现并纠正各类违章行为。

一、坍塌类风险

1、检查要点

1. 施工前勘察地下是否有电缆、光缆；在有电缆、光缆及管道等附近开挖时，是否有安全措施且有专人监护。
2. 在深坑作业时是否采取可靠的防坍塌措施。
3. 施工区域是否按要求设围栏及安全标志牌。
4. 作业人员上下基坑时是否有可靠的扶梯或坡道。
5. 堆土是否距坑边 1m 以外，高度是否在 1.5m 内。
6. 除掏挖桩基础外，不用挡土板挖坑时，坑壁是否留有适当坡度。
7. 人工挖孔是否按图施工浇筑护壁（当设计要求时）。

2、常见问题

1 作业现场基础基坑放坡系数不足，深坑作业未采取可靠的防坍塌措施。

2 施工区域、基坑、泥浆池等未设围栏及安全标志牌，夜间未挂警示灯，围栏离坑边小于 0.8m。

3 作业人员上下基坑时没有可靠的扶梯或坡道，采用扶梯不符合要求，人员相互拉拽、攀登挡土板支撑上下，在危险区域休息。

4 雨水较多或地下水位较高时，没有临时排水措施，未设置集水坑；排水时破坏相邻基础和挖、填土石方边坡。

3、典型案例

案例 1

无关人员进入施工现场

某 35kV 线路工程施工无关的人员进入施工现场，见图 4-1。该行为违反《国家电网有限公司电力建设安全工作规程　第 2 部分：线路》第 6.1.2 条的规定：与施工无关的人员未经允许不得进入施工现场。

图 4-1　某 35kV 线路工程施工现场

案例 2

堆土方式不符合要求

某 220kV 线路工程基础施工现场堆土未距坑边 1m 以外，高度超过 1.5m，见图 4-2。该行为违反《国家电网有限公司电力建设安全工作规程　第 2 部分：线路》第 10.1.1.6 条的规定：堆土应距坑边 1m 以外，高度不得超过 1.5m。

图 4-2　某 220kV 线路工程基础施工现场

二、触电类风险

1、检查要点

1 基础作业是否临近带电体，高压触电防范措施是否规范。

2 吊车是否采用有效接地措施，施工机械作业半径范围内是否有带电线路、地下是否有电缆。

3 作业人员是否按要求穿戴防护用具。

4 施工用电是否做到“一机一闸一保护”。

2、常见问题

1 邻近带电体作业时，作业人员、机械设备与带电线路安全距离不满足要求且未办理停电手续；施工现场不在悬挂接地线的保护范围内。

2 混凝土振捣人员未按要求穿戴绝缘鞋和绝缘手套；电焊工作业未按要求穿戴防护面罩和电焊手套；安全工器具有破损，没有检测报告。

3 在带电设备附近组塔时计算校核的安全距离与现场实际不符，不满足安全要求。

4 临时用电配电箱、电焊机、吊车等未接地，缺失漏电保护器，电线敷设未采用架空或地埋。

3、典型案例

案例 1

临时缆线绝缘破损

某公司移动式配电箱进、出线的绝缘破损，基础作业现场临时用电线未按照方案要求架空布设，见图 4-3。该行为违反《国家电网有限公司电力建设安全工作规程 第 2 部分：线路》第 6.3.6 条的规定：箱内的配线应采取相色配线且绝缘良好，导线进出配电柜或配电箱的线段应采取固定措施，导线端头制作规范，连接应牢固。操作部位不得有带电体裸露。

图 4-3　某基础作业现场

案例 2

振捣作业过程中作业人员未戴防护用具

某 35kV 线路工程基础施工混凝土浇筑振捣作业过程中，作业人员未戴绝缘手套和穿绝缘靴，存在人员触电风险，见图 4-4。该行为违反《国家电网有限公司电力建设安全工作规程　第 2 部分：线路》第 8.2.12.2 条的规定：电动设备操作人员作业时应穿绝缘胶鞋和戴绝缘手套。

图 4-4　某 35kV 线路工程基础施工混凝土浇筑振捣作业现场

三、中毒、窒息类风险

1、检查要点

1. 有限空间作业是否执行“先通风、再检测、后作业”要求，是否正确设置监护人。

2. 人工挖孔现场是否配备必要的救援设备（如氧气瓶、穿戴式氧气罐），是否规范使用速差防坠器、救援绳等防护器具。

3. 在作业中是否定时开展有害气体检测，若存在有害气体或异常现象是否采取有效防护措施。

2、常见问题

1. 安全标志缺失；作业前未对安全防护设备、个体防护用品、应急救援装备、作业设备和用具的齐备性和安全性进行检查；发现问题未立即修护或更换。

2. 有限空间作业未执行通风措施，通风时间不足；通风设备不符合要求。

3. 作业人员未携带气体检测报警仪及通信设备，未按时记录检测数值。

4. 未设置安全监护人。

3、典型案例

案例

检测气体时已有人员在井中作业

某 110kV 线路 GA12 基础开挖工程基坑内作业过程中，现场作业人员违反有限空间“先通风、再检测、后作业”的管理规定；检测气体时，已有作业人员在井中作业，且未使用安全带和安全绳，存在人员救援不及时风险，见图 4-5。该行为违反《国家电网有限公司有限空间作业安全工作规定》（国家电网安监〔2023〕21 号）第二十条的规定：未经通风和检测合格，任何人员不得进入有限空间作业。

图 4-5　某 110kV 线路 GA12 基础开挖工程基坑内作业现场

四、机械伤害类风险

1、检查要点

1. 机械的安全防护装置及检测装置是否完好齐全。
2. 吊装作业前准备是否满足要求。
3. 是否利用挖掘机开展吊装作业。

2、常见问题

1 操作挖掘机时进铲过深、提斗过猛、挖土过高（超 4m）造成机械重心不稳；液压挖掘装载机的操作手柄不平顺，臂杆下降时中途突然停顿；行驶时将铲斗完全伸出。

2 汽车式起重机作业前未支好全部支腿，支腿未加垫木，垫木低于1.2m/根；在带电区域内作业时吊车未接地。

3 作业中扳动吊车支腿操纵阀，调整支腿在有载荷时进行，且未将起重臂转至正前或正后方位。

4 吊物上站人，作业人员利用吊钩上升或下降。

5 人员在吊臂下随意走动，起吊物下站人。

6 旋挖机绞盘滚筒上保留的钢丝绳不足 5 圈，旋挖机等机械传动部分的防护罩缺失。

7 现场机械传动部分没有防护罩。

8 人员利用挖机挖斗上下，平口挖斗吊装施工装置。

3、典型案例

案例 1

起重机支腿倾斜

某 35kV 杆塔组立作业汽车起重机支腿倾斜，见图 4-6。该行为违反《国家电网有限公司电力建设安全工作规程　第 2 部分:

线路》第 8.1.2.1 条的规定：起重机行驶和作业的场地应保持平坦坚实，机身倾斜度不得超过制造厂的规定，其车轮、支腿或履带的前端、外侧与沟、坑边缘的距离不得小于沟、坑深度的 1.2 倍，小于 1.2 倍时应采取防倾倒、防坍塌措施。

图 4-6　某 35kV 杆塔组立作业现场

案例 2

吊车未安装限位装置

某 35kV 线路工程杆塔组立，吊车未安装限位装置，存在吊钩冒顶、重物坠落的风险，见图 4-7。该行为违反《国家电网有限公司电力建设安全工作规程　第 2 部分：线路》第 7.2.7 条的规定：起重机械的各种监测仪表以及制动器、限位器、安全阀、闭锁机构等安全装置应完好齐全、灵敏可靠，不得随意调整或拆除。不得利用限制器和限位装置代替操纵机构。

图 4-7　某 35kV 线路工程杆塔组立作业现场

案例 3

挖掘机暂停作业时挖斗悬空

某 220kV 线路工程标段挖掘机暂停作业时挖斗悬空，未放于地面，见图 4-8。该行为违反《国家电网有限公司电力建设安全工作规程　第 2 部分：线路》第 10.1.4.4 条的规定：挖掘机开挖时遵守下列规定：d）暂停作业时，应将挖斗放到地面。

图 4-8　某 220kV 线路工程作业现场

案例 4

利用挖斗上下基坑

某 220kV 线路工程现场施工人员进入挖斗内，利用挖斗上下基坑，见图 4-9。该行为违反《电力安全工作规程　线路部分》（Q/GDW 1799.2—2013）第 11.1.10 条的规定：吊物上不许站人，禁止作业人员利用吊钩来上升或下降。

图 4-9　某 220kV 线路工程现场

案例 5

推土机焊接卸扣吊运钢筋笼

某变电站 220kV 线路机械钻孔灌注桩基础作业现场，使用推土机焊接卸扣吊运钢筋笼，存在自制的焊接点不牢固，导致起吊过程中断裂的风险，见图 4-10。该行为违反《国网安监部关于印发严重违章释义的通知》（安监二〔2022〕33 号）中严重违章释义清单第五十五条的规定：自制施工工器具未经检测试验合格。

图 4-10　某变电站 220kV 线路机械钻孔灌注桩基础作业现场

第二节　组塔施工

组塔作业过程主要存在触电伤害、高处坠落、物体打击等作业风险。督查人员应对照检查要点对关键安全措施是否完善、作业过程是否违章进行核查，及时发现并纠正各类违章行为。

一、触电类风险

1、检查要点

1. 对邻近带电体的立塔作业，是否测算安全距离且采取有效措施。
2. 配合停电的线路是否按要求装设接地线。
3. 对邻近带电体的组塔作业，吊车是否采取有效接地措施。

2、常见问题

1. 在带电线路、设备附近组塔前，未根据带电体安全距离要求，对施工作业中可能进入安全距离内的人员、机具、构件等进行计算校核。
2. 在带电设备附近组塔时，计算校核的安全距离与现场实际不符，不满足安全要求。
3. 在带电设备区域使用吊车时，未装设接地线。
4. 在带电设备附近组塔，安全距离不够时，未采取停电措施。

3、典型案例

案例

接地线埋设深度不符合要求

某 220kV 变电站 110kV 送出工程现场，接地线埋设深度不符合要求，见图 4-11。该行为违反《电力安全工作规程　线路部分》（Q/GDW 1799.2—2013）第 6.4.7 条的规定：临时接地体的截面积不准小于 190mm^2，埋深不准小于 0.6m。

图 4-11　某 220kV 变电站 110kV 送出工程现场

二、高处坠落类风险

1、检查要点

1 施工方案是否有防高处坠落的措施，现场防高处坠落的措施是否落实。

2 防高处坠落的安全工器具是否合格，使用是否规范。

3 高处作业人员是否失去保护。

2、常见问题

1 高处作业、攀登或转移作业位置时失去保护。

2 安全带系在移动或不牢固的物件上，安全带低挂高用；后备保护绳超过 3m 时，未使用缓冲器。

3 组塔地脚螺栓未紧固、上下段或各主要受力材未连接牢固，人员攀登杆塔；杆塔上有人作业时，调整或拆除拉线。

4 使用达到报废标准的或超出检验期的安全工器具。

5 使用起重机作业时，吊物上站人，作业人员利用吊钩上升或下降。

3、典型案例

案例 1

上下基坑时应有可靠的扶梯或坡道

某 110kV 线路工程的作业人员上下基坑时未使用可靠的扶梯或坡道，见图 4-12。该行为违反《国家电网有限公司电力建设安全工作规程　第 2 部分：线路》第 10.1.1.5 条的规定：作业人员上下基坑时应有可靠的扶梯或坡道，不得相互拉拽、攀登挡土板支撑上下，作业人员应在地面安全地点休息。

图 4-12　某 110kV 线路工程作业现场

案例 2

基坑围栏、警示标识设置不完整

某 110kV 线路工程 G32-G34 基础开挖作业区域的深基坑围栏设置不完整，存在人员坠落的风险，见图 4-13。该行为违反《国家电网有限公司电力建设安全工作规程　第 2 部分：线路》第 6.1.4 条的规定：坑、沟、孔洞等均应铺设符合安全要求的盖板或设可靠的围栏、挡板及安全标志。

图 4-13　某 220kV 线路工程施工现场

案例 3

高处作业及移位过程中均未使用后备保护绳

某 800kV 特高压直流输电线路工程（4 标）N6806、N6807 挂绝缘子及放线滑车作业现场，塔上作业人员长时间将安全带挂钩直接挂在一根竖向绳索上，无法起到保护作用，且高处作业及移位过程中均未使用后备保护绳，导致作业过程完全失去保护，有较大的高处坠落风险，见图 4-14。该行为违反《电力安全工作规程　线路部分》（Q/GDW 1799.2—2013）第 10.10 条的规定：高处作业人员在作业过程中，应随时检查安全带是否拴牢。高处作业人员在转移作业位置时不准失去安全保护。

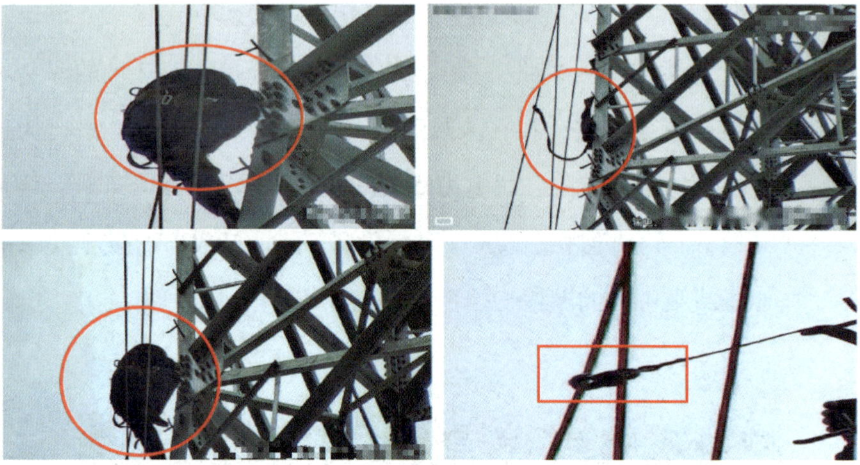

图 4-14　某 800kV 特高压直流输电线路工程现场

案例 4

高处作业移位过程中短时失去安全保护

某高速公路 220kV 繁盛 2D21 线电力杆线迁移工程展放导线作业现场，高处作业人员横向转移作业位置时（高度约 30m）短时失去安全保护，见图 4-15。该行为违反《电力安全工作规程　线路部分》（Q/GDW 1799.2—2013）第 10.10 条的规定：高处作业人员在作业过程中，应随时检查安全带是否拴牢。高处作业人员在转移作业位置时不准失去安全保护。

图 4-15　某杆线迁移工程展放导线作业现场

案例 5

作业人员从铁塔向吊篮转移过程中短时失去安全保护

某 35kV 线路改造工程作业现场，高处作业人员从铁塔向吊篮转移过程中短时失去安全保护，存在高处坠落风险，见图 4-16。该行为违反《电力安全工作规程　线路部分》（Q/GDW 1799.2—2013）第 10.10 条的规定：高处作业人员在作业过程中，应随时检查安全带是否拴牢。高处作业人员在转移作业位置时不准失去安全保护。

图 4-16　某 35kV 线路改造工程作业现场

三、倒塔类风险

1、检查要点

1　组立三段前是否安装两帽一垫。

2　组立三段后是否采取螺母防盗、防松措施并紧固到位。

2、常见问题

1　攀登组塔时，地脚螺栓未装、未紧固。

2 组立三段前未安装两帽一垫，或安装的螺帽螺栓型号不匹配。

3 放线前塔身螺栓未紧固到位。

4 塔身受力后地脚螺栓未复紧。

3、典型案例

案例 1

地脚螺栓未按要求复紧

某现代产业园 35kV 金某 3517 线 #66-#89 杆改造工程改造段 #10-#G14 导、地线展放及附件安装施工作业现场，G14 杆导线展放已完成，但地脚螺栓未按要求复紧，见图 4-17。该行为违反《国家电网有限公司电力建设安全工作规程　第 2 部分：线路》第 11.1.8 条的规定：组塔过程中应遵守下列规定：1）铁塔组立后，地脚螺栓应随即采取加垫板并拧紧螺帽及打毛丝扣等适当防卸措施（8.8 级、10.9 级高强度地脚螺栓不应采用螺纹打毛的防卸措施）。

图 4-17　某现代产业园导、地线展放及附件安装施工作业现场

案例 2

杆塔组立时，地脚螺栓未全部紧固

某 220kV 线路 A 线杆塔组立现场，发现杆塔组立时，地脚螺栓未全部紧固，且有 3 名人员在塔上作业，见图 4-18。该行为违反《国家电网有限公司电力建设安全工作规程　第 2 部分：线路》第 11.1.8 条的规定：组塔过程中应遵守下列规定：1）铁塔组立后，地脚螺栓应随即采取加垫板并拧紧螺帽及打毛丝扣等适当防卸措施（8.8 级、10.9 级高强度地脚螺栓不应采用螺纹打毛的防卸措施）。

图 4-18　某 220kV 线路 A 线杆塔组立现场

案例 3

地脚螺栓未安装螺帽

某 220kV 线路工程组塔施工现场，塔腿安装后，一只地脚螺栓未安装螺帽，见图 4-19。该行为违反《国家电网有限公司电力建设安全工作规程　第 2 部分：线路》第 11.1.8 条的规定：组塔过程中应遵守下列规定：1）铁塔组立后，地脚螺栓应随即采取加垫板并拧紧螺帽及打毛丝扣等适当防卸措施（8.8 级、10.9 级高强度地脚螺栓不应采用螺纹打毛的防卸措施）。

图 4-19 施工现场地脚螺栓未安装螺帽

四、吊车失稳类风险

1、检查要点

1. 吊车进场前是否核对吊车的参数，出厂年份等信息。
2. 吊车就位前是否现场复勘。
3. 吊车就位后，吊车支腿地基是否平稳坚实，支腿是否完全打开；地基情况不明时支腿下方是否使用枕木或钢板衬垫。
4. 吊车吊装作业时是否按照规定重量和高度吊装。

2、常见问题

1. 未对吊车的参数进行检查确认，使用吊车不符合要求，如未年检、吊车钢丝绳未试验、吊车限位装置失效等。

2 吊车现场未勘察、复勘，吊车驾驶员未参与勘察。

3 吊车支腿地基没有平稳坚实，支腿没有完全打开。

4 地基情况不明时支腿下方未使用枕木或钢板衬垫。

5 吊车及相关吊装配件未严格按方案作业，如吊车、吊索超重、超高作业。

3、典型案例

案例 1

流动式起重机作业过程一侧支腿伸展不到位

某 35kV 立塔作业现场，流动式起重机作业过程一侧支腿伸展不到位，见图 4-20。该行为违反《电力安全工作规程 线路部分》（Q/GDW 1799.2—2013）第 14.2.11.7 条的规定：汽车起重机及轮胎式起重机作业前应先支好全部支腿后方可进行其他操作。作业完毕后，应先将臂杆完全收回，放在支架上，然后方可起腿。汽车式起重机除设计有吊物行走性能者外，均不准吊物行走。

图 4-20　作业现场起重机作业中支腿伸展不到位

案例 2

吊车支腿垫木不合规

某110kV输变电工程作业现场，起重机支腿垫木支撑不平稳，存在吊车倾倒风险，见图4-21。该行为违反《电力安全工作规程　线路部分》（Q/GDW 1799.2—2013）第14.2.11.3条的规定：作业时，起重机应置于平坦、坚实的地面上，机身倾斜度不准超过制造厂的规定。不准在暗沟、地下管线等上面作业；不能避免时，应采取防护措施，不准超过暗沟、地下管线允许的承载力。

图4-21　现场起重机支腿垫木支撑不平稳

五、物体打击类风险

1、检查要点

1　组立铁塔过程中，吊件垂直下方是否有人逗留或通过。

2　起吊塔片小材时是否固定绑扎。

3 吊装使用的吊带、钢丝绳是否满足要求，是否存在以小代大，是否采取保护措施。

4 吊车吊钩闭锁装置、钢丝绳、限位装置是否完好。

5 组塔时所有工具使用是否规范，是否设专人指挥。

6 吊装过程中吊点位置设置是否合理规范，吊具是否合格并规范使用。

2、常见问题

1 起吊过程中，受力钢丝绳周围或起吊物下方有人逗留或通过。

2 杆塔分片组装时，所带辅材挂点螺栓未出螺帽露扣。

3 使用损坏、破损吊具作业；起吊物件时，在物体棱角处和光滑部位与绳索（吊带）接触处未加以包垫；卸扣处于吊件的转角处，卸扣横向受力。

4 吊车吊钩无防止脱钩的保险装置，吊车无限位装置等。

5 起重作业无专人指挥。

6 片吊未设双吊点（倒 V 形），整段塔段起吊未设置 4 吊点（相连两点倒 V 形），未留有尾绳控制吊物。

3、典型案例

案例

人员在钢管塔正下方安装爬梯

某公司 110kV 输电线路改造工程作业现场，待组立钢管塔一端已被吊离地面，人员进入钢管塔正下方安装爬梯，存在重物坠落伤人风险，见图 4-22。该行为违反《电力安全工作规程　线路部分》（Q/GDW 1799.2—2013）第 11.1.8 条的规定：在起吊、牵引过程中，受力钢丝绳的周围、上下方、转向滑车内角侧、吊臂和起吊物的下面，不得有人逗留和通过。

图 4-22　某公司 110kV 输电线路改造工程作业现场

六、机械伤害类风险

1、检查要点

1. 现场拉线、锚桩的选择和使用是否与施工方案描述一致。
2. 组立三段是否立即打毛地脚螺栓，地脚螺帽是否紧固到位，双帽是否并紧。
3. 抱杆、承托绳、起吊绳、浪风绳等主要受力工器具设置与施工方案是否描述一致。
4. 是否使用金具 U 形环代替卸扣。
5. 绞磨牵引是否装设地锚，绞磨（牵引机）尾绳操作人数是否少于两人，是否位于绞磨后方、绳圈外侧，是否站在绳圈内侧，卷筒安装使用是否规范。
6. 在受力钢丝绳内侧是否站人，在起吊的吊件垂直下方是否有人逗留。

2、常见问题

1. 现场拉线、锚桩的选择和使用与施工方案描述不一致。
2. 组立三段未立即打毛地脚螺栓，地脚螺帽没有紧固到位，双帽没有并紧。
3. 抱杆、承托绳、起吊绳、浪风绳等主要受力工器具设置与施工方案描述不一致。
4. 使用金具 U 形环代替卸扣。

5 绞磨牵引没有装设地锚，绞磨（牵引机）尾绳操作人数少于两人，且位于绞磨后方、绳圈外侧，站在绳圈内侧。卷筒与牵引绳未保持垂直，在卷筒或磨芯上缠绕少于5圈。

3、典型案例

案例1

使用金具U形环代替卸扣作为受力工具使用

某220kV跨越某铁路迁改工程作业现场，抱杆内拉线缓冲器与链条葫芦挂钩之间未按要求使用卸扣，而是错误地使用金具U形环进行连接。一旦金具U形环受力过大，有可能发生断裂从而导致抱杆倾倒，见图4-23。该行为违反《国家电网有限公司电力建设安全工作规程　第2部分：线路》第8.3.6.5条的规定：不得使用金具U形环代替卸扣，不得用普通材料的螺栓取代卸扣销轴。

图4-23　某220kV跨越某铁路迁改工程作业现场

案例 2

现场使用杜邦丝直接挂在地脚螺栓上

某 35kV 变电站新建线路工程立塔作业现场，组塔作业现场未按方案先组立塔腿，导致无法利用钢丝绳连接塔腿来固定抱杆底部，现场使用杜邦丝直接挂在地脚螺栓上，存在杜邦丝滑脱引起抱杆倾覆的风险，见图 4-24。该行为违反《国网安监部关于印发严重违章释义的通知》（安监二〔2022〕33 号）中严重违章释义清单第六十五条的规定：重要工序、关键环节作业未按施工方案或规定程序开展作业；作业人员未经批准擅自改变已设置的安全措施。

图 4-24　某 35kV 变电站新建线路工程立塔作业现场

案例 3

抱杆树木作为索道支架

某 220kV 输变电工程内悬浮内拉线抱杆分解组塔作业现场，运送塔材使用树木作为索道支架，未按照方案要求采用钢管式支架，存在运输过程中索道支架坍塌风险，见图 4-25。该行为违反《国网安监部关于印发严重违章释义的通知》（安监二〔2022〕33 号）中严重违章释义清单第六十五条的规定：重要工序、关键环节作业未按施工方案或规定程序开展作业；作业人员未经批准擅自改变已设置的安全措施。

图 4-25　某 220kV 输变电工程现场

第三节　架线施工

架线施工过程主要存在触电伤害、高处坠落、物体打击、机械伤害等作业风险。督查人员应对照检查要点对关键安全措施是否完善、作业过程是否违章进行核查，及时发现并纠正各类违章行为。

一、触电类风险

1、检查要点

1 现场安全措施是否与施工方案或工作票一致。

2 配合停电的线路是否按要求装设接地线。

3 存在感应电风险的现场是否规范使用个人保安线。

4 跨越带电线路、电气化铁路等展放导（地）线作业，是否采取搭设跨越架及封网措施。

5 在带电设备附近作业前是否根据带电体安全距离要求，对施工作业中可能进入安全距离内的人员、机具、构件等进行计算校核。

6 各类施工机械是否规范接地。

7 跨越不停电线路时，采取的安全措施是否满足施工需要。

8 放线区段有跨越、平行带电线路时，是否正确装设导（地）线。

9 耐张塔挂线前，是否使用导体将耐张绝缘子串短接。

2、常见问题

1 工作地段各端和工作地段内有可能反送电的各分支线（包括用户）未在正确位置装设接地线。

2 需要配合停电的线路未装设接地线。

3 作业点未在接地保护范围。作业人员未经批准擅自改变已设置的安全措施。

4 工作地段如有临近、平行、交叉跨越、同杆塔架设的线路，在需要接触或接近导线工作时，未使用个人保安线。

5 在带电设备附近作业前未计算校核安全距离，作业安全距离不够且未采取有效措施。

6 施工现场按规定应接地的施工机械、工器具、金属跨越架接地不可靠。

7 跨越带电线路展放导(地)线作业时，跨越架、封网等安全措施均未采取。

8 放线区段有跨越、平行带电线路时，牵引机及张力机出线端的导（地）线及牵引绳上未安装接地滑车，牵引设备、张力设备操作人员未站在干燥的绝缘垫上，或与未站在绝缘垫上的人员接触。

9 放线区段有跨越、平行的输电线路时，导（地）线或牵引绳未采取接地措施。

10 耐张塔挂线前，未使用导体将耐张绝缘子串短接。

3、典型案例

案例

耐张塔挂线前，未用导体将耐张绝缘子串短接

某800kV特高压直流输电线路工程导(地)线展放作业现场，耐张塔挂线前未用导体将耐张绝缘子串短接，存在雷电及感应电触电风险，见图4-26。该行为违反《国家电网有限公司电力建设安全工作规程　第2部分：线路》第12.10.4条的规定：紧线时的接地应遵守下列规定：b）耐张塔挂线前，应用导体将耐张绝缘子串短接。

图4-26　某800kV特高压直流输电线路工程导(地)线展放作业现场

二、高处坠落类风险

1、检查要点

1 作业现场梯子、安全带等各类登高用具外观是否合格，是否在试验合格周期内。

2 高处作业人员在上下杆塔及作业转位时是否失去安全保护。

3 附件安装、攀爬导线时，安全带的使用是否规范。

4 安全带、后备绳、缓冲器、攀登自锁器等连接是否规范。

5 在杆塔上水平转移、垂直转移时，防坠措施是否完备。

6 高空作业平台是否为硬质连接。

2、常见问题

1 施工现场使用不合格的梯子，使用达到报废标准的或超出检验期的安全工器具。

2 高处作业、攀登或转移作业位置时失去保护。

3 安全带系在移动或不牢固的物件上，安全带低挂高用；附件安装时，安全绳或速差自控器未拴在横担主材上；安装间隔棒时，未使用安全带，或后备保护绳未拴在整相导线上。

4 后备保护绳超过3m时，未使用缓冲器；安全带、后备绳、缓冲器、攀登自锁器等安全工器具的连接器扣体未锁好。

5 用软梯进行作业时，软梯上有多人作业。

6 杆塔上水平转移时未使用水平绳或设置临时扶手，垂直转移时未使用速差自控器或安全自锁器等装置。

7 导（地）线高空开断未用压接平台或与吊车硬连接的作业平台，使用吊车悬吊吊篮方式，开断下方未设置单独隔离区域。

3、典型案例

案例 1

下塔全程未使用安全带

某 500kV 铁塔拆除作业现场，一名作业人员下塔过程中全程未使用安全带或后备保护绳，存在高处坠落风险，见图 4-27。该行为违反《电力安全工作规程　线路部分》（Q/GDW 1799.2—2013）第 10.10 条的规定：高处作业人员在作业过程中，应随时检查安全带是否拴牢。高处作业人员在转移作业位置时不准失去安全保护。

图 4-27　某 500kV 铁塔拆除作业现场

案例 2

作业人员上下塔安全带和后备保护绳未交替使用

某公司挂线作业现场，塔上作业人员换衣服解下安全带及后备保护绳；作业人员上下塔安全带和后备保护绳未交替使用，见图 4-28。该行为违反《电力安全工作规程　线路部分》（Q/GDW 1799.2—2013）第 10.10 条的规定：高处作业人员在作业过程中，应随时检查安全带是否拴牢。高处作业人员在转移作业位置时不准失去安全保护。

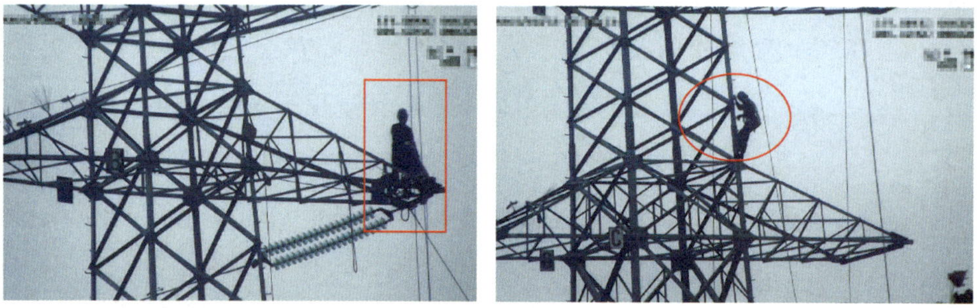

图 4-28　某公司挂线作业现场

三、物体打击类风险

1、检查要点

1 是否使用未经检验合格的工具，受力工器具是否超负荷使用。

2 是否存在使用金具代替受力工具的情况。

3 受力工器具的外观是否满足要求，保险装置是否缺失。

4 是否正确使用工具袋、是否高空抛物、大件工具是否绑扎。

5 现场拉线、锚桩的布置是否规范，杆塔受力前地脚螺栓是否紧固到位。

6 现场临时拉线的布置是否规范。

7 高空锚线、开断、附件安装是否采取二道保护措施。

2、常见问题

1 自制施工工器具未经检测试验合格；受力工器具（链条葫芦、施工机具、抱杆连接螺栓、卸扣等）以小代大或超负荷使用。

2 使用 U 形环代替卸扣；使用普通材料的螺栓取代卸扣销轴；使用中的卸扣横向受力。

3 链条葫芦、手扳葫芦、吊钩式滑车等装置的吊钩和起重作业使用的吊钩无防止脱钩的保险装置。

4 高处作业时未将所用的工具和材料放在工具袋内，或未用绳索拴在牢固的构件上；抛掷工具及材料。

5 撤线或紧线前未按规定采取防倒杆塔措施；架线施工前，未紧固地脚螺栓；拉线、地锚、索道投入使用前未计算校核受力情况。

6 临时地锚采用角铁桩或钢管桩时，一组桩的主桩上控制两根及以上拉绳；临时地锚未采取避免被雨水浸泡的措施。

7 导线高空锚线未设置二道保护措施，紧、断线平移导线挂线作业未采取交替平移子导线的方式。

3、典型案例

案例 1

链条葫芦的挂钩闭锁装置损坏

某 ±800kV 直流输变电工程紧线、挂线作业现场，链条葫芦的挂钩闭锁装置已损坏，导致防脱钩功能失效，见图 4-29。该行为违反《电力安全工作规程　线路部分》（Q/GDW 1799.2—2013）第 14.2.8.1 条的规定：使用前应检查吊钩、链条、传动装置及刹车装置是否良好。吊钩、链轮、倒卡等有变形时，以及链条直径磨损量达 10% 时，禁止使用。

图 4-29　某 ±800kV 直流输变电工程紧线、挂线作业现场

案例 2

未按要求设置二道保护

某 220kV 线路迁改工程导线开断挂线作业现场，现场开展 220kV 导线开断挂线作业，高空锚线时未按要求设置二道保护，存在跑线风险，见图 4-30。该行为违反《国家电网有限公司电力建设安全工作规程　第 2 部分：线路》第 12.8.5 条的规定：高空锚线应有二道保护措施。

图 4-30　某 220kV 线路迁改工程导线开断挂线作业现场

案例 3

索道支架拉线连接卸扣存在横向受力

某 ±800kV 特高压直流输电线路工程，索道支架拉线连接卸扣存在横向受力，地锚无防雨措施，见图 4-31。该行为违反《电力安全工作规程　线路部分》（Q/GDW 1799.2—2013）第 14.2.13.1 条的规定：卸扣应是锻造的。卸扣不准横向受力。

图 4-31　某 ±800kV 特高压直流输电线路工程现场

案例 4

液压机和模具采用悬吊铁塔斜材

某电厂 35kV 送出工程高空作业，现场（高空压接）与作业票（地面压接）不一致，液压机和模具直接采用悬吊铁塔斜材，未使用高空吊篮作业，且无二道保护，见图 4-32。该行为违反《国网安监部关于印发严重违章释义的通知》（安监二〔2022〕33 号）中严重违章释义清单第九十九条的规定：导线高空锚线未设置二道保护措施。

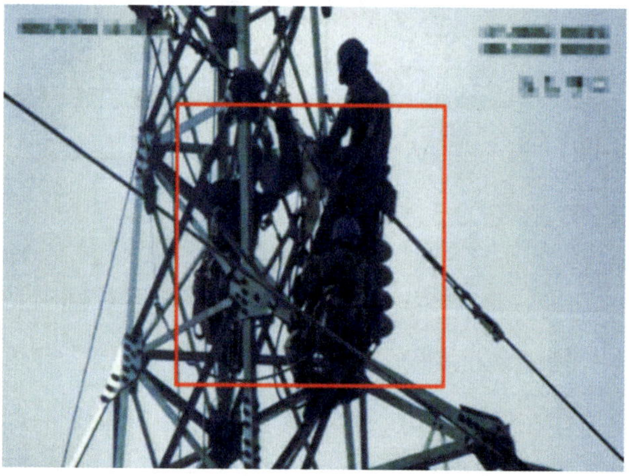

图 4-32　某电厂 35kV 送出工程高空作业现场

案例 5

未按要求采取吊车提线防护措施

某 220kV 线路新建 #2–#5 导（地）线展放作业现场，现场 #2–#3 杆跨越点未按照方案要求采取吊车提线防护措施，存在车辆挂线倒杆风险，见图 4-33。该行为违反《国网安监部关于印发严重违章释义的通知》（安监二〔2022〕33 号）中严重违章释义清单第六十五条的规定：重要工序、关键环节作业未按施工方案或规定程序开展作业；作业人员未经批准擅自改变已设置的安全措施。

图 4-33　某线路新建 #2-#5 导（地）线展放作业现场

四、机械伤害类风险

1、检查要点

1 绞磨、卷扬机、牵引设备是否布置平稳，锚固是否可靠。

2 地锚、拉线设置是否满足现场实际受力的安全要求。

3 绞磨、卷扬机受力前方是否有人。

4 拉磨尾绳的人员数量是否充足，位置是否合理。

5 牵引机、张力机、放线架等是否使用规范。

2、常见问题

1 绞磨、卷扬机放置不稳；锚固不可靠；牵引设备及张力设备的锚固不可靠。

2 人力及机械牵引放线时，线盘架不稳固，制动不可靠。

3 牵引过程中，牵引机、张力机进出口前方有人通过，拉磨尾绳的人员位于锚桩前面或站在绳圈内。

4 绞磨的磨绳从卷筒上方卷入，在卷筒或磨芯上缠绕少于 5 圈；绞磨卷筒与磨绳最近的转向滑车距离不足 5m；绞磨拉磨尾绳的人员少于 2 人。

5 链条葫芦和手扳葫芦带负荷停留较长时间或过夜时，未将手拉链条或扳手绑扎在起重链条上。

6 施工机械设备转动部分无防护罩或牢固的遮栏；卷扬机、绞磨等作业时，在卷筒、滑轮附近用手扶运行中的钢丝绳。

3、典型案例

案例 1

牵引机未停机调整牵引绳

某 ±800kV 特高压直流输电工程导（地）线作业现场，牵引机未停机，一名作业人员站在牵引机正在转动的卷筒上面用脚和撬棍调整钢丝绳，另外一名作业人员在地面用手直接调整卷筒上的钢丝绳，存在人员或手脚被卷入受伤风险，见图 4-34。该行为违反《电力安全工作规程　线路部分》（Q/GDW 1799.2—2013）第 14.2.1.5 条的规定：作业时禁止向滑轮上套钢丝绳，禁止在卷筒、滑轮附近用手扶运行中的钢丝绳，不准跨越行走中的钢丝绳，不准在各导向滑轮的内侧逗留或通过。吊起的重物必须在空中短时间停留时，应用棘爪锁住。

图 4-34　某 ±800kV 特高压直流输电工程导（地）线作业现场

案例 2

未对牵引机进行锚固

某特高压直流输电线路工程导（地）线展放作业现场，小牵引机锚固系统未按施工方案要求采取四点锚固方式，仅对牵引机后侧的左右两点进行锚固，且一侧错误使用角铁桩进行补强。牵引过程中可能存在牵引机偏转或锚桩松脱风险，见图 4-35。该行为违反《国家电网有限公司电力建设安全工作规程　第 2 部分：线路》第 8.2.13.1 条的规定：绞磨和卷扬机应放置平稳，锚固应可靠，并应有防滑动措施。

图 4-35　某特高压直流输电线路工程导（地）线展放作业现场

案例 3

吊车悬吊自制吊篮载人作业

某 220kV 线路改造工程，作业人员使用吊车悬吊自制吊篮载人作业，见图 4-36。该行为违反《电力安全工作规程　线路部分》（Q/GDW 1799.2—2013）第 11.1.10 条的规定：吊物上不许站人，禁止作业人员利用吊钩来上升或下降。

图 4-36　某 220kV 线路改造工程现场

案例 4

作业人员跨越受力钢丝绳

某 1000kV 变电站线路工程作业现场，现场正在起吊塔材，作业人员从受力钢丝绳上方跨越，且在钢丝绳转角内侧短暂逗留，存在钢丝绳脱落伤人风险，见图 4-37。该行为违反《电力安全工作规程　线路部分》（Q/GDW 1799.2—2013）第 11.1.8 条的规定：在起吊、牵引过程中，受力钢丝绳的周围及上下方、转向滑车内角侧、吊臂和起吊物的下面，不得有人逗留和通过。

图 4-37　某 1000kV 变电站线路工程作业现场（一）

图 4-37　某 1000kV 变电站线路工程作业现场（二）

案例 5

车辆频繁从牵引绳上驶过

某新建某变电所 110kV 线路 #A25-#A33 导（地）线架设作业现场正在进行跨公路放线工作，车辆频繁从牵引绳上驶过，存在拖拽牵引绳伤害现场作业人员风险，见图 4-38。该行为违反《电力安全工作规程　线路部分》（Q/GDW 1799.2—2013）第 9.4.4 条的规定：放线、紧线与撤线工作时，人员不准站在或跨在已受力的牵引绳、导线的内角侧和展放的导、地线圈内以及牵引绳或架空线的垂直下方，防止意外跑线时抽伤。

图 4-38　某 110kV 线路 #A25-#A33 导（地）线架设等作业现场

案例 6

张力机出口前方及张力机与放线盘之间有人通过

某 500kV 线路工程导（地）线展放作业现场，张力放线牵引过程中，张力机出口前方及张力机与放线盘之间均有人通过，见图 4-39。该行为违反《电力安全工作规程　线路部分》（Q/GDW 1799.2—2013）第 9.4.13.3 条的规定：在张力放线的全过程中，人员不准在牵引绳、导引绳、导线下方通过或逗留。

图 4-39　某 500kV 线路工程导（地）线展放作业现场

第四节　跨越架施工

跨越架施工过程主要存在倒塌风险、触电伤害、高处坠落等作业风险。督查人员应对照检查要点对关键安全措施是否完善、作业过程是否违章进行核查，及时发现并纠正各类违章行为。

一、倒塌类风险

1、检查要点

1. 跨越架搭设的位置是否满足施工需求。
2. 跨越架的整体结构稳定性和强度是否满足施工要求。
3. 跨越架的立杆、大横杆及小横杆的间距是否符合要求，是否按照措施规范设置剪刀撑、支杆、拉线等。
4. 跨越架是否规范设置拉线、锚桩；地锚布置是否与受力方向一致，是否采取防雨水浸泡措施，是否经过专人验收并悬挂验收牌。
5. 跨越架投入使用前是否经验收合格。
6. 跨越架是否设置安全警告标志及夜间警示装置。

2、常见问题

1 跨越架的中心不在线路中心线上，宽度未考虑施工期间牵引绳或导（地）线风偏后超出新建线路两边线各 2.0m，架顶两侧未设外伸羊角。

2 跨越架的立杆、大横杆及小横杆的间距不符合要求，未按照措施规范设置剪刀撑、支杆。跨越架立杆埋深小于 0.5m，支杆埋深小于 0.3m。跨越架搭接长度小于 1.5m，绑扣少于 3 道，水田松土等搭跨越架未设置扫地杆。

3 跨越架两端及每隔 6 ~ 7 根立杆未设剪刀撑杆、支杆或拉线。

4 跨越架搭设完未打临时拉线，拉线与地面夹角没有大于 60° 。

5 跨越架搭未经过验收或验收不合格。

6 跨越架未悬挂醒目的安全警告标志、夜间警示装置；跨越公路的跨越架，未在公路前方距跨越架适当距离设置提示标志。

7 拆跨越架的撑杆时，在原撑杆的位置未绑手溜绳；拆除跨越架时未保留最下层的撑杆；待横杆都拆除后，未利用支撑杆放倒立杆。

3、典型案例

案例

跨越架搭设不合格

某牵引站 220kV 外部供电工程 C2-C6 导（地）线展放现场，在有货车通行的道路两侧搭设的跨越架不合格，其中一侧仅树立两根毛竹，导致展放的导线与路面距离过小，且未悬挂警示标志并经验收，存在较大安全隐患，见图 4-40。该行为违反《典型违章库—生产配电》（国家电网安监〔2023〕234 号）第 37 条的规定：脚手架、跨越架未经验收合格即投入使用。

图 4-40　某牵引站 220kV 外部供电工程 C2-C6 导（地）线展放现场

二、触电类风险

1、检查要点

1　是否对跨越架、操作人员、工器具与带电体之间的安全距离进行测算并采取防护措施。

2 使用前绝缘绳、网是否进行外观检查并经绝缘测试合格。

3 金属架体是否有良好的接地装置。

2、常见问题

1 搭设 10kV 带电绝缘线路跨越架时，未保持足够的安全距离。

2 跨越不停电线路所用的绝缘绳、网在现场摆放时，未采取有效的防潮、防水措施。

3 跨越不停电线路时，作业人员在跨越架内侧攀登、作业，从封顶架上通过。

4 跨越带电线路展放导（地）线作业，未采取跨越架、封网等安全措施。

3、典型案例

案例

跨越架顶部封闭措施不到位

某 110kV 输变电工程 #A2-#A51 导（地）线展放作业现场，发现现场导（地）线展放过程中，跨越架顶部封闭措施不到位，导致迪尼玛牵引绳搭挂在运行的 0.4kV 绝缘导线上，见图 4-41。该行为违反《电力安全工作规程　线路部分》（Q/GDW 1799.2—2013）第 9.4.8 条的规定：跨越架的中心应在线路中心线上，宽度应超出所施放或拆除线路的两边各 1.5m，架顶两侧应装设外伸羊角。跨越架与被跨电力线路应不小于表 4 的安全距离，否则应停电搭设。

图 4-41　某 110kV 输变电工程 #A2-#A51 导（地）线展放作业现场

三、高处坠落类风险

1、检查要点

1. 安全带及其他防护设备是否合格。
2. 高处作业是否规范使用安全带或采取其他防坠落措施。
3. 跨越架上移动时，是否失去保护。

2、常见问题

1. 使用达到报废标准的或超出检验期的安全工器具。
2. 高处作业、攀登或转移作业位置时失去保护。

3 安全带系在移动或不牢固的物件上，安全带低挂高用。

4 后备保护绳超过 3m 时，未使用缓冲器。安全带、后备绳、缓冲器、攀登自锁器等安全工器具的连接器扣体未锁好。

3、典型案例

案例 1

跨越架未按要求设置拉线

某 110kV 变电站线路工程，跨越架未按要求设置拉线，且未经过验收即投入使用，见图 4-42。该行为违反《电力安全工作规程　线路部分》（Q/GDW 1799.2—2013）第 9.4.10 条的规定：跨越架应经验收合格，每次使用前检查合格后方可使用。强风、暴雨过后应对跨越架进行检查，确认合格后方可使用。

图 4-42　某 110kV 变电站线路工程现场

案例 2

作业现场未对孔洞进行防护

某公司 35kV 输变电新建工程基础开挖 #3、#8、#9 基础浇筑作业现场的一个基坑（D 腿 1.2m 深）未铺设符合安全要求的盖板或设可靠的围栏、挡板及安全标志，且坑口有浮土，存在作业人员掉入基坑受伤的风险，见图 4-43。该行为违反《国家电网有限公司电力建设安全工作规程　第 2 部分：线路》第 6.1.4 条的规定：施工现场及周围的悬崖、陡坎、深坑、高压带电区等危险场所均应设可靠的防护设施及安全标志；坑、沟、孔洞等均应铺设符合安全要求的盖板或设可靠的围栏、挡板及安全标志。

图 4-43　某 35kV 输变电新建工程现场

第五节　拆旧施工

拆旧施工作业主要存在触电伤害、高处坠落、物体打击、机械伤害等作业风险。督查人员应对照检查要点对关键安全措施是否完善、作业过程是否违章进行核查，及时发现并纠正各类违章行为。

一、触电类风险

1、检查要点

1 线路拆旧前是否规范装设接地线，且拆旧过程中是否始终在接地线保护范围内。

2 起重机臂架、吊具、辅具、钢丝绳及吊物等是否符合与带电体安全距离的要求。

3 使用起重机拆塔时，车身是否可靠接地。

2、常见问题

1 拆除的旧导线穿越带电线路时，未采取接地或者利用绝缘绳索传递。

2 临时用电配电箱、焊机、吊车等未接地，缺失漏电保护器，电线敷设未采用架空或地埋方式。

3、典型案例

案例

高压带电接引线未佩戴护目镜

某公司 35kV 某支线 #024 杆带电接引线作业现场，现场 1 名带电作业人员在进行高压带电接引线时未佩戴护目镜，见图 4-44。该行为违反《电力安全工作规程　线路部分》（Q/GDW 1799.2—2013）第 13.4.1 条的规定：带电断、接空载线路，应遵守下列规定：b）带电断、接空载线路时，作业人员应戴护目镜，并应采取消弧措施。

图 4-44　某公司 35kV 某支线 #024 杆带电接引线作业现场

二、高处坠落类风险

1、检查要点

1 作业现场梯子、安全带等各类登高用具外观是否合格，是否在试验合格周期内。

2. 高处作业人员在上下杆塔及作业转位时是否失去安全保护。

3. 附件安装、攀爬导线时，安全带的使用是否规范。

4. 安全带、后备绳、缓冲器、攀登自锁器等连接情况是否规范。

5. 作业人员攀登杆塔、杆塔上转位及杆塔上作业时，手扶的构件是否牢固，是否失去安全保护，安全带是否从杆顶脱出或被锋利物损坏。

6. 杆塔上水平转移、垂直转移时防坠措施是否完备。

2、常见问题

1. 施工现场使用不合格的梯子，使用达到报废标准或超出检验期的安全工器具。

2. 高处作业、攀登或转移作业位置时失去保护。

3. 安全带系在移动或不牢固的物件上，安全带低挂高用。附件安装时，安全绳或速差自控器未拴在横担主材上。

4. 后备保护绳超过 3m 时，未使用缓冲器。安全带、后备绳、缓冲器、攀登自锁器等安全工器具的连接器扣体未锁好。

5. 用软梯进行作业时，软梯上有多人作业。

6. 杆塔上水平转移时未使用水平绳或设置临时扶手，垂直转移时未使用速差自控器或安全自锁器等装置。

3、典型案例

案例

某变电站 110kV 架空线路工程（B28 塔）拆旧作业现场，高处作业人员向上转移作业位置时（高度约 30m），短时失去安全防护，见图 4-45。该行为违反《电力安全工作规程　线路部分》（Q/GDW 1799.2—2013）第 10.10 条的规定：高处作业人员在作业过程中，应随时检查安全带是否拴牢。高处作业人员在转移作业位置时不准失去安全保护。

图 4-45　某变电站 110kV 架空线路工程（B28 塔）紧线、挂线作业现场

三、物体打击类风险

1、检查要点

1. 吊车拆除铁塔过程中，是否有安全警示标志及防护措施，吊件垂直下方是否有人逗留或者通过。
2. 采用整倒方式拆塔是否按方案设置方向控制拉线，绞磨是否设置在 1.5 倍倒杆距离外。

3 铁塔整倒时，无关人员是否撤离至1.2倍杆塔高度距离外。

4 门型水泥杆整倒前是否拆除横担。

5 是否有带张力断线。

2、常见问题

1 吊车及相关吊装配件未严格按方案作业，如吊车、吊索超重、超高作业。

2 链条葫芦、手扳葫芦吊钩无封口部件。

3 高空抛物，上下抛掷物品。

4 工具、材料放在横担上未绑扎固定。

3、典型案例

案例

剪线钳浮搁在横担上未进行绑扎

某35kV线路拆旧作业现场，剪线钳浮搁在横担上，未进行绑扎，不牢靠，见图4-46。该行为违反《电力安全工作规程 线路部分》（Q/GDW 1799.2—2013）第9.2.5条的规定：杆塔上作业应使用工具袋，较大的工具应固定在牢固的构件上，不准随便乱放。

图4-46 某35kV线路拆旧作业现场

四、机械伤害类风险

1、检查要点

1. 绞磨、卷扬机锚是否放置在平整、坚实、无障碍物的场地上。
2. 地锚、拉线设置是否满足现场实际受力的安全要求。
3. 绞磨、卷扬机受力前方是否有人。
4. 拉磨尾绳人员数量是否充足，位置是否合理。
5. 塔腿割除次序与方案是否一致。

2、常见问题

1. 绞磨、卷扬机未放置在平整、坚实、无障碍物的场地上。
2. 绞磨、卷扬机锚固在树木或外露岩石等承力大小不明的物体上。
3. 地锚、拉线设置不满足现场实际受力的安全要求。
4. 绞磨、卷扬机受力前方有人，拉磨尾绳人员位于锚桩前面或站在绳圈内。
5. 塔腿割除作业未严格按照方案执行，且必须在拉线布置好后割除；塔腿割除次序与方案不一致。

3、典型案例

案例

绞磨拉尾绳人员为 1 人

某 500kV 送出工程 BG14 紧挂线及附件安装作业现场，绞磨拉尾绳人员 1 人，少于标准中至少 2 人的要求，见图 4-47。该行为违反《电力安全工作规程　线路部分》（Q/GDW 1799.2—2013）第 14.2.1.4 条的规定：拉磨尾绳不应少于 2 人，应站在锚桩后面，且不准在绳圈内。绞磨受力时，不准用松尾绳的方法卸荷。

图 4-47　某 500kV 送出工程 BG14 紧挂线及附件安装作业现场

第六节　线路检修

输电线路检修作业主要存在触电伤害、高处坠落、物体打击等作业风险。督查人员应对照检查要点对关键安全措施是否完善、作业过程是否违章进行核查，及时发现并纠正各类违章行为。

一、触电类风险

1、检查要点

1 是否按方案严格执行线路识别，是否核对线路双重名称及色标，并填写线路识别卡。

2 进出导、地线作业，作业人员是否正确使用绝缘手套挂、拆个人保安线。

3 作业人员进出现场是否严格按照检修方案的要求保持与带电体的安全距离。

4 上下传递物品时是否使用绝缘绳，是否设专人留绳。

5 等电位作业人员是否穿着合格的全套屏蔽服，各部位是否连接良好。

6 对带电作业安全距离、绝缘工器具的有效绝缘长度是否进行验算并满足带电作业要求。

7 绝缘工器具是否合格，是否有出入库及现场检查检测合格记录。

8 屏蔽服是否良好；进入软梯或吊篮前是否进行冲击试验；特高压等电位带电作业进出等电位时是否使用电位转移棒；电位转移前是否经过申请。

9 在风速大于 5m/s、湿度大于 80% 或雷电、雪、雹、雨雾等环境，是否有进行带电作业。

2、常见问题

1 未按方案要求严格执行线路识别，未核对线路双重名称及色标，未填写线路识别卡。

2 导、地线作业，作业人员未正确使用绝缘手套挂、拆个人保安线。

3 作业人员进出现场未严格按照检修方案的要求保持与带电体的安全距离。

4 上下传递物品时未使用绝缘绳，未设专人留绳。

5 等电位作业人员未穿着合格的全套屏蔽服，各部位未连接良好。

6 对带电作业安全距离、绝缘工器具的有效绝缘长度未进行验算并满足带电作业要求。

7 绝缘工器具不合格，没有出入库及现场检查检测合格记录。

8 屏蔽服未连接良好；进入软梯或吊篮前未进行冲击试验；特高压等电位带电作业进出等电位时未使用电位转移棒；电位转移前未经过申请。

9 在风速大于5m/s、湿度大于80%或雷电、雪、雹、雨雾等环境进行带电作业。

10 邻近平行多回线路，误登带电杆塔。

11 不验电、不接地开展检修工作。

12 同杆多回线路一回停电，作业时与另一回带电线路的安全距离不够。

3、典型案例

案例

工作票中接地线装设位置登记错误

某110kV输电检修现场，工作票中接地线装设位置登记错误，存在误挂接地线的风险，见图 4-48。该行为违反《国网安监部关于印发严重违章释义的通知》（安监二〔2022〕33 号）严重违章释义清单第九十四条的规定：应拉断路器、拉隔离开关、熔断器，应合接地刀闸、作业现场装设的工作接地线未在工作票上准确登录；工作接地线未按票面要求准确登录安装位置、编号、挂拆时间等信息。

图 4-48　某 110kV 输电检修现场

二、高处坠落类风险

1、检查要点

1　高处作业时是否失去保护。

2 安全带的使用是否规范。

3 软梯的使用是否规范。

2、常见问题

1 高处作业、攀登或转移作业位置时失去保护。

2 塔上作业时，安全带和后备保护绳未分别挂在杆塔不同部位的牢固构件上，安全带后备保护绳对接使用或超过 3m 未使用缓冲器。

3 安全带低挂高用。

4 使用软梯、挂梯作业或用梯头进行移动作业时，多人在软梯、挂梯或梯头上工作；到达梯头上进行工作和梯头开始移动前，梯头的封口未封闭，或未用保护绳防止梯头脱钩。

3、典型案例

案例 1

高处作业人员在横担移位过程中短时失去保护

某 35kV 线路检修作业现场，高处作业人员在横担移位过程中短时失去保护，有高处坠落风险，见图 4-49。该行为违反《电力安全工作规程　线路部分》（Q/GDW 1799.2—2013）第 10.10 条的规定：高处作业人员在作业过程中，应随时检查安全带是否拴牢。高处作业人员在转移作业位置时不准失去安全保护。

图 4-49　某 35kV 线路检修作业现场

案例 2

高处作业人员失去保护

某 220kV 线路跨越某高速升高改造工程现场，1 名作业人员高处移位短时失去保护，见图 4-50。该行为违反《电力安全工作规程　线路部分》(Q/GDW 1799.2—2013) 第 10.10 条的规定：高处作业人员在作业过程中，应随时检查安全带是否拴牢。高处作业人员在转移作业位置时不准失去安全保护。

图 4-50　某 220kV 线路跨越某高速升高改造工程现场

案例 3

作业人员贸然攀登杆根基础不牢固的电杆

某 35kV 线路工程施工现场，在交叉跨越的 10kV 配合停电线路上悬挂接地线时，作业人员贸然攀登杆根基础不牢固的电杆，见图 4-51。该行为违反《电力安全工作规程　线路部分》（Q/GDW 1799.2—2013）第 9.2.1 条的规定：攀登杆塔作业前，应先检查根部、基础和拉线是否牢固。新立杆塔在杆基未完全牢固或做好临时拉线前，禁止攀登。遇有冲刷、起土、上拔或导（地）线、拉线松动的杆塔，应先培土加固，打好临时拉线或支好架杆后，再行登杆。

图 4-51　某 35kV 线路检修现场

案例 4

高处作业人员在水平移位过程中未使用安全防护措施

某 220kV 线路检修现场，高处作业人员在水平移位过程中未使用安全防护措施，见图 4-52。该行为违反《电力安全工作规程　线路部分》（Q/GDW 1799.2—2013）第 10.10 条的规定：高处作业人员在作业过程中，应随时检查安全带是否拴牢。高处作业人员在转移作业位置时不准失去安全保护。

图 4-52　某 220kV 线路检修现场

三、物体打击类风险

1、检查要点

1 作业人员是否正确佩戴安全帽，无关人员是否进入检修现场，工作地点下方是否设置围栏。

2 高空使用的工器具及材料是否固定在牢固的构件上。

3 工器具、材料的传递方式是否适合。

2、常见问题

1 高处作业时，工作地点下面未按坠落半径设围栏或其他保护装置；无关人员在工作地点的下面通行或逗留。

2 杆塔上作业需要携带工具时未使用工具袋，较大的工具未固定在牢固的构件上。

3 高处作业时，工件、边角余料随便放、未扣牢；高空抛物。

4 上下传递物品时未使用绳索、工具包，并设专人留绳。

3、典型案例

案例 1

高空使用的工器具及材料未绑扎固定

某 110kV 线路检修作业现场，塔材放置在角钢塔上未绑扎固定，且下方有人员作业，存在物体坠落伤人的风险，见图 4-53。该行为违反《电力安全工作规程　线路部分》（Q/GDW 1799.2—2013）第 10.12 条的规定：高处作业应一律使用工具袋。较大的工具应用绳拴在牢固的构件上，工件、边角余料应放置在牢靠的地方或用铁丝扣牢并有防止坠落的措施，不准随便乱放，以防止从高处坠落发生事故。

图 4-53　某 110kV 线路检修作业现场

案例 2

作业人员未佩戴安全帽

某 35kV 线路检修作业现场，杆塔上有两名作业人员高处作业未佩戴安全帽，见图 4-54。该行为违反《电力安全工作规程　线路部分》（Q/GDW 1799.2—2013）第 4.3.4 条的规定：进入作业现场应正确佩戴安全帽，现场作业人员应穿全棉长袖工作服、绝缘鞋。

图 4-54　某 35kV 线路检修作业现场

案例 3

紧线所用链条葫芦挂钩闭锁失效

某 35kV 线路检修作业现场，紧线（1 档）所用链条葫芦挂钩闭锁失效，有脱落伤人风险，见图 4-55。该行为违反《电力安全工作规程　线路部分》（Q/GDW 1799.2—2013）第 14.2.8.1 条的规定：使用前应检查吊钩、链条、传动装置及刹车装置是否良好。吊钩、链轮、倒卡等有变形时，以及链条直径磨损量达 10% 时，禁止使用。

图 4-55　某 35kV 线路检修作业现场

第五章 配电专业安全监督检查

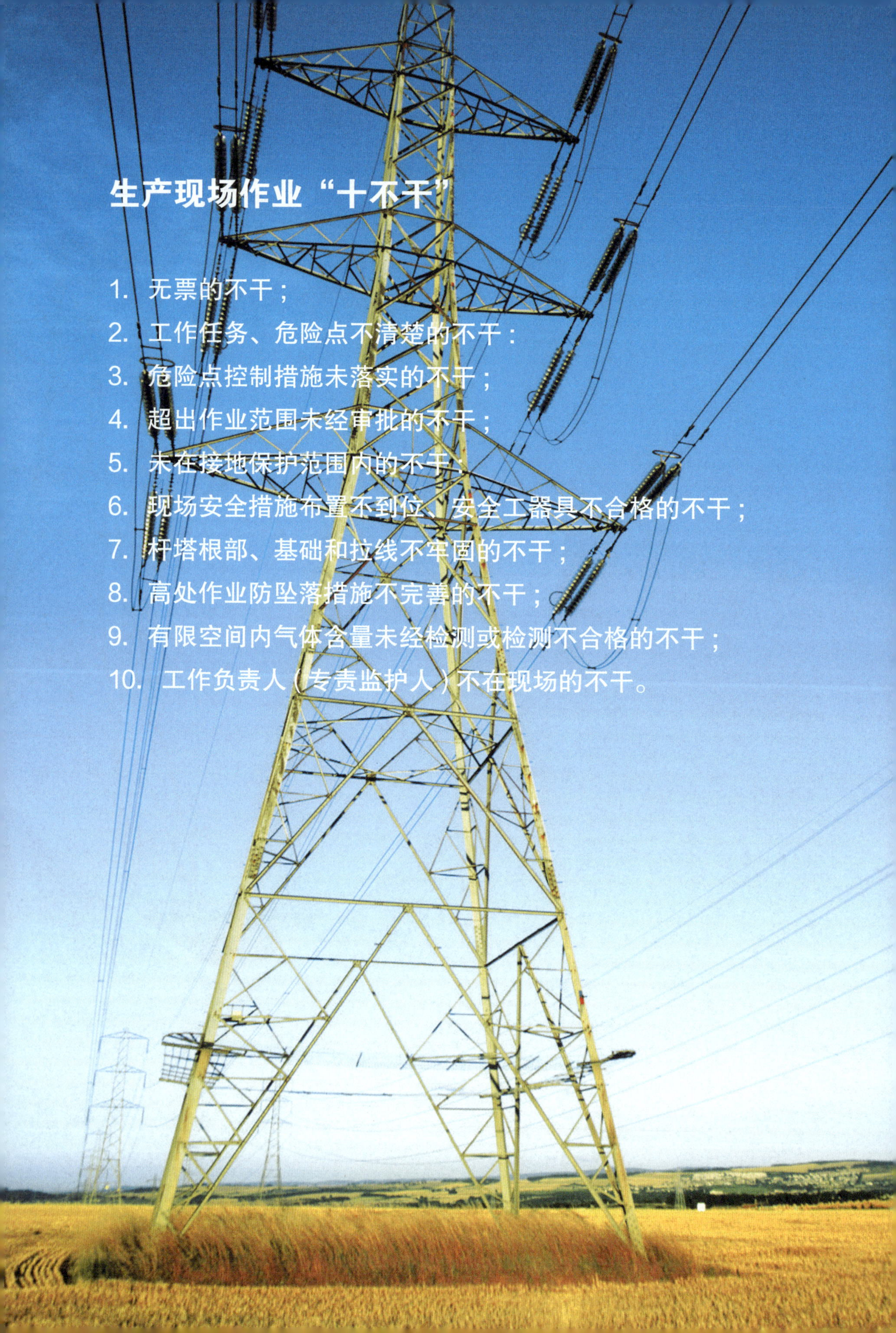

生产现场作业“十不干”

1. 无票的不干；
2. 工作任务、危险点不清楚的不干；
3. 危险点控制措施未落实的不干；
4. 超出作业范围未经审批的不干；
5. 未在接地保护范围内的不干；
6. 现场安全措施布置不到位、安全工器具不合格的不干；
7. 杆塔根部、基础和拉线不牢固的不干；
8. 高处作业防坠落措施不完善的不干；
9. 有限空间内气体含量未经检测或检测不合格的不干；
10. 工作负责人（专责监护人）不在现场的不干。

第一节　机械立杆

机械立杆作业主要涉及触电伤害、物体打击和倒杆等风险。督查人员应对照检查要点对关键安全措施是否落实完善、作业过程是否存在违章进行核查、及时发现并纠正各类违章行为。

一、触电类风险

1、检查要点

邻近带电体的立杆作业，是否测算安全距离且采取有效措施。

2、常见问题

1　在带电线路、设备附近立杆前，未根据带电体安全距离的要求对施工作业中可能进入安全距离内的人员、机具、构件等进行计算校核。

2　在带电设备附近立杆安全距离不够时，未采取停电或其他有效防护措施。

3　在带电设备附近立杆计算校核的安全距离与现场实际不符，不满足安全要求。

3、典型案例

案例 1

立杆作业现场吊臂回转时未收回吊绳存在触电风险

某 0.4kV 南主支线 03+#1 杆立杆作业，现场立杆位置为高低压同杆架设线路（上层线路为废弃线路），吊车吊臂回转时未收回吊绳，导致经过邻近 10kV 带电线路上端，存在吊绳触碰带电线路风险，见图 5–1。该行为违反《国家电网有限公司电力安全工作规程　第 8 部分：配电部分》第 5.2.3 条的规定：现场勘察应查看检修（施工）作业需要停电的范围、保留的带电部位、装设接地线的位置、邻近线路、交叉跨越、多电源、自备电源、地下管线设施和作业现场的条件、环境及其他影响作业的危险点，并提出针对性的安全措施和注意事项。同时违反第 18.2.8 条的规定：起重设备长期或频繁地靠近架空线路或其他带电体作业时，应采取隔离防护措施。

图 5–1　某 0.4kV 南主支线 03+#1 杆立杆作业现场

案例 2

起重钢丝绳触碰临近低压运行线路

某 10kV 支线某台区立杆作业现场，现场吊车在起吊过程中起重钢丝绳触碰临近低压运行线路，存在人员触电风险，见图 5-2。该行为违反《国家电网有限公司电力安全工作规程　第 8 部分：配电部分》第 18.2.7 条的规定：作业时，起重机的臂架、吊具、辅具、钢丝绳及吊物等与架空输电线路及其他带电体的距离不应小于规定，且应设专人监护。

图 5-2　某 10kV 支线某台区立杆作业现场

案例 3

吊臂触碰低压带电绝缘导线

某公司 10kV 08 线某台区拆除电杆作业现场，吊车在低压带电线路下方拆除电杆时，吊臂直接触碰到上方低压带电绝缘导线，存在触电风险，见图 5-3。该行为违反《国家电网有限公司电力安全工作规程　第 8 部分：配电部分》第 18.2.7 条的规定：作业时，起重机臂架、吊具、辅具、钢丝绳及吊物等与架空输电线路及其他带电体的距离不应小于规定，且应设专人监护。

图 5-3　某 10kV 08 线某台区拆除电杆作业现场

案例 4

待拆除线路上方有 10kV 运行线路未采取相应防范措施

某 35kV 变电站 10kV 某线路拆旧作业现场，待拆除线路上方有 10kV 运行线路，现场勘察、施工方案中均未辨识出该项风险，且现场未采取相应防范措施，存在导线弹跳触碰带电线路致人触电风险，见图 5-4。该行为违反《国家电网有限公司电力安全工作规程　第 8 部分：配电部分》第 5.2.3 条的规定：现场勘察应查看检修（施工）作业需要停电的范围、保留的带电部位、装设接地线的位置、邻近线路、交叉跨越、多电源、自备电源、有可能反送电的设备和分支线、地下管线设施和作业现场的条件、环境及其他影响作业的危险点，并提出针对性的安全措施和注意事项。

图 5-4　10kV 某线路拆旧作业现场

二、物体打击类风险

1、检查要点

1. 起吊作业现场是否有围栏、警示牌。
2. 起重作业是否设专人指挥。
3. 吊车起吊时，吊件垂直下方是否有人逗留或通过。
4. 立杆时，吊车、挖掘机及吊索具的工作负荷是否超铭牌、方案的规定。
5. 作业人员是否存在高空抛物、上下抛掷物品等行为。
6. 吊车吊钩是否有防止脱钩的保险装置，挖机挖斗所用吊钩是否有保险装置，是否有检测合格报告。
7. 吊车支腿地基是否平稳坚实，支腿是否完全打开；地基情况不明时支腿下方是否使用枕木或钢板衬垫。

2、常见问题

1. 吊车选择与被吊物不匹配。
2. 钢丝绳插接不足 30cm，使用吊带破损。
3. 起吊过程中，受力钢丝绳周围或起吊物下方有人逗留或通过。

4 使用金具 U 形环代替卸扣，使用普通材料的螺栓取代卸扣销轴；吊车吊钩无防止脱钩的保险装置，挖机挖斗所用吊钩无保险装置或无检测合格报告；吊车无限位装置等。

5 立杆时，未设专人指挥。

6 吊车的车轮、支腿或履带的前端、外侧与沟、坑边缘的距离小于沟、坑深度的 1.2 倍时，未采取防倾倒、防坍塌措施。

7 立杆过程中，吊车未支好全部支腿，支腿未加垫木或垫木不符合要求。

3、典型案例

案例 1

超重超规模违规使用挖掘机组立 18m 电杆

某 35kV 变电站 10kV 某 07 线某支线 #110 杆至 #10 杆运杆、立杆作业现场，现场违规使用挖掘机组立 18m 电杆，超重超规模起吊，存在挖掘机倾翻风险，见图 5-5。该行为违反《国家电网有限公司电力安全工作规程　第 8 部分：配电部分》第 18.1.5 条的规定：起重设备、吊索具和其他起重工具的工作负荷，不应超过铭牌规定。

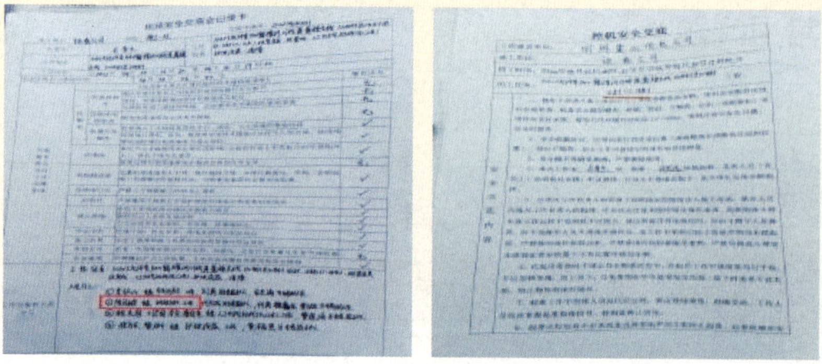

图 5-5　某立杆作业现场及施工方案（一）

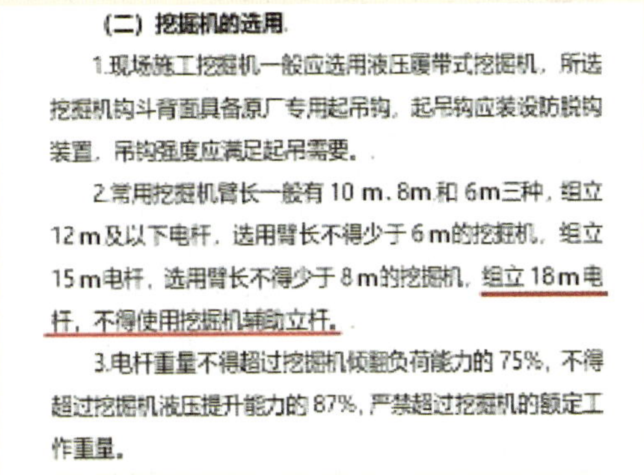

（二）挖掘机的选用

1.现场施工挖掘机一般应选用液压履带式挖掘机，所选挖掘机钩斗背面具备原厂专用起吊钩，起吊钩应装设防脱钩装置，吊钩强度应满足起吊需要。

2.常用挖掘机臂长一般有 10 m、8m 和 6m 三种，组立 12 m 及以下电杆，选用臂长不得少于 6 m 的挖掘机，组立 15 m 电杆，选用臂长不得少于 8 m 的挖掘机，组立 18m 电杆，不得使用挖掘机辅助立杆。

3.电杆重量不得超过挖掘机倾翻负荷能力的 75%，不得超过挖掘机液压提升能力的 87%，严禁超过挖掘机的额定工作重量。

图 5-5　某立杆作业现场及施工方案（二）

案例 2

立杆使用的挖掘机挂钩无防脱钩闭锁装置

某公司 10kV 电杆组立抢修等作业现场，现场立杆使用的挖掘机挂钩无防脱钩闭锁装置，有脱落伤人风险，见图 5-6。该行为违反《国家电网有限公司电力安全工作规程　第 8 部分：配电部分》第 16.2.6.1 条的规定：使用前应检查吊钩、链条、转动装置及制动装置，吊钩、链轮或倒卡变形以及链条磨损达直径的 10% 时，不应使用。

图 5-6　某公司 10kV 电杆组立抢修等作业现场（一）

图 5-6　某公司 10kV 电杆组立抢修等作业现场（二）

案例 3

吊物下方有人逗留

某 10kV 新建工程钢管塔拼装、组立等作业现场，现场钢管塔拼装工序错误，待组立钢管塔一端已被吊离地面，人员进入钢管塔正下方安装爬梯，存在重物坠落伤人风险，见图 5-7。该行为违反《国家电网有限公司电力安全工作规程　第 8 部分：配电部分》第 18.2.3 条的规定：在起吊、牵引过程中，受力钢丝绳的周围、上下方、转向滑车内角侧、吊臂和起吊物的下面，不应有人逗留和通过。

图 5-7　某 10kV 新建工程钢管塔拼装、组立等作业现场

三、倒杆类风险

1、检查要点

立杆时，是否按要求装设底盘、卡盘（设计要求时）。

2、常见问题

1 立杆时，未按设计施工要求安装底盘、卡盘。

2 组立钢管塔时，未对地脚螺栓采取加垫板并拧紧螺帽及打毛丝扣等措施。

3、典型案例

案例 1

组立电杆未采取杆根加固措施

某新建 10kV 台区立杆作业现场，在土质松软的水田田垄上组立电杆，未采取杆根加固措施，后续一旦有人登杆，可能存在倒杆伤人风险，见图 5-8。该行为违反《国家电网有限公司电力安全工作规程　第 8 部分：配电部分》第 8.2.1d）条的规定：遇有冲刷、起土、上拔或导地线、拉线松动的杆塔，应先培土加固、打好临时拉线或支好架杆。

图 5-8　某新建 10kV 台区立杆作业现场及方案

案例 2

立电杆时未采取杆根加固措施

某 10kV 某 01 线立杆放线作业现场，在水田里组立电杆时未采取杆根加固措施（底盘、卡盘），与该电杆紧邻的另一回线路在同步开展放紧线作业（杆上有人作业），电杆在起吊过程中触碰该线路导线造成扰动，存在一定的安全风险，见图 5-9。该行为违反《国家电网有限公司电力安全工作规程　第 8 部分：配电部分》第 8.3.3 条的规定：立、撤杆塔时，基坑内不应有人。除指挥人及指定人员外，其他人员应在杆塔高度的 1.2 倍距离以外。

图 5-9　某 10kV 某 01 线立杆放线作业现场

案例 3

吊车起吊电杆未采取杆身稳定控制措施

某 10kV 某支线改造工程立杆作业现场，原线路路径旁采用吊车起吊电杆时，未采取杆身稳定控制措施，导致电杆在起吊过程中触碰导线并对线路造成扰动。同时，在该线路邻近吊杆现场的 3 基电杆上，有 3 人在同步开展高处作业（导线金具拆除）。一旦起吊过程中电杆脱落或倾倒，可能导致该线路多基电杆倾斜甚至倒杆，存在较大安全隐患，见图 5-10。该行为违反《国家电网有限公司电力安全工作规程　第 8 部分：配电部分》第 8.4.4 条的规定：放线、紧线前，应检查确认导线无障碍物挂住，导线与牵引绳的连接应可靠，线盘架应稳固可靠、转动灵活、制动可靠。

图 5-10　某公司 10kV 某支线改造工程立杆作业现场

案例 4

电杆搭挂在通信线上，放置不稳固

某台区立杆、安装铁附件作业现场，挖掘机辅助立杆过程中电杆搭挂在通信线上，放置不稳固，作业人员走近电杆下方，使用树枝调整挖掘机吊点位置，存在电杆倒落伤人风险，见图5-11。该行为违反《国家电网有限公司电力安全工作规程　第8部分：配电部分》第18.2.3条的规定：在起吊、牵引过程中，受力钢丝绳的周围、上下方、转向滑车内角侧、吊臂和起吊物的下面，不应有人逗留和通过。

图5-11　某台区立杆、安装铁附件作业现场

第二节　架空线路施工、检修

架空线路施工、检修作业主要涉及触电伤害、高空坠落、倒杆、物体打击、机械伤害等风险。督查人员应对照检查要点对关键安全措施是否落实完善、作业过程

是否存在违章进行核查、及时发现并纠正各类违章行为。

一、触电类风险

1、检查要点

1. 可能来电的各方及所有可能反送电至工作地点是否均已装设接地线（接地刀闸）。作业前，工作票所列的接地等安全措施是否全部完成。
2. 配合停电的线路是否按以下要求装设接地线：①交叉跨越、邻近线路在交叉跨越或邻近线路处附近装设接地线；②配合停电的同杆（塔）架设配电线路装设的接地线与检修线路相同。
3. 作业时，作业人员是否擅自移动或拆除接地线（接地刀闸）。
4. 在带电设备附近作业前，是否测算安全距离且采取有效措施。
5. 跨越带电线路、电气化铁路展放导（地）线作业，是否采取搭设跨越架及封网等措施。
6. 作业区段有跨越、平行带电线路时，绞磨机出线端的导（地）线及牵引绳上是否安装接地滑车；绞磨机是否可靠接地。
7. 作业区段内有跨越、平行带电线路时，作业点两侧是否可靠接地。
8. 检修时，各侧来电端是否采取停电、验电、接地和防反送电安全措施。

9 邻近带电体的检修作业，是否测算安全距离且采取有效措施。

10 安全工器具、施工机具是否经试验合格并在有效期内。

2、常见问题

1 停电工作的设备未在可能来电的各方正确位置装设接地线（接地刀闸）。

2 针对工作地段内有光伏、自备发电机等设备可能反送电至工作段的情况未采取有效的隔离措施。

3 作业人员擅自移动或拆除接地线（接地刀闸）。

4 同一张工作票工作地段的接地安全措施未全部完成即开始工作。

5 配合停电的线路未按检修线路要求装设接地线。

6 在带电设备附近作业前，未根据带电体电压等级的安全距离要求，对施工作业中可能进入安全距离内的人员、机具、构件等进行计算校核。

7 在带电设备附近作业安全距离不够或计算校核的安全距离与现场实际不符，且未采取有效防范措施。

8 跨越带电线路、电气化铁路展放导（地）线作业，未采取搭设跨越架及封网等措施。

9 绞磨未可靠接地。

3、典型案例

案例 1

停电范围描述不准确，缺少关键信息

某公司 110kV 某线路 #66–#68 区段 A 相导线恢复作业现场工作地段下方一条 10kV 线路停电范围描述不准确，实际为另一条 10kV 线 #80–#129 杆线路停电转检修，但工作票中描述为“10kV 线 03 线由运行转检修”，存在作业人员误登运行线路电杆导致触电风险，见图 5-12。该行为违反《国网安监部关于印发严重违章释义的通知》（安监二〔2022〕33 号）中严重违章释义清单第九十四条的规定：应拉断路器、隔离开关、熔断器，应合接地刀闸、作业现场装设的工作接地线未在工作票上准确登录；工作接地线未按票面要求准确登录安装位置、编号、挂拆时间等信息。

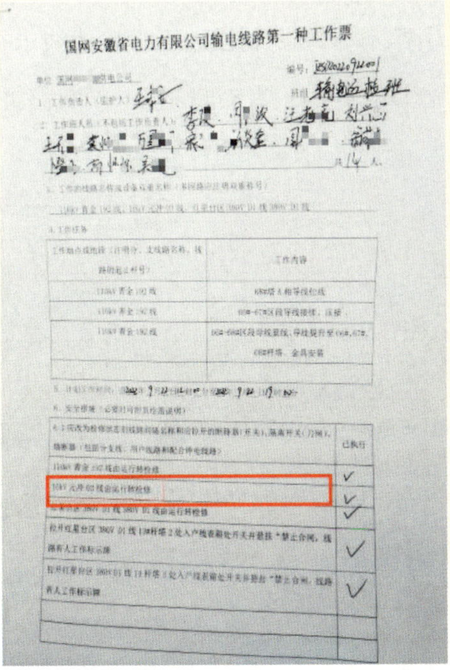
国网安徽省电力有限公司输电线路第一种工作票

已执行

图 5-12　某公司 110kV 某线路 #66–#68 区段 A 相导线恢复作业现场工作票（一）

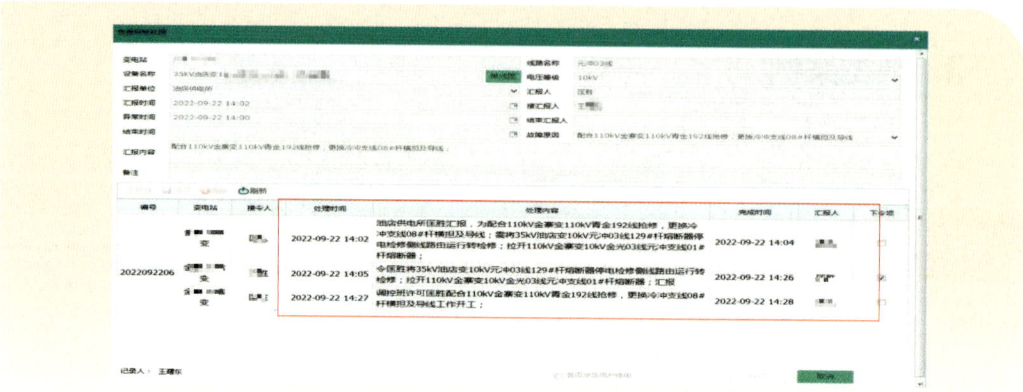

图 5-12　某公司 110kV 某线路 #66-#68 区段 A 相导线恢复作业现场工作票（二）

案例 2

工作票中未登录接地线位置

某 10kV 某分线断杆抢修作业现场，发现现场一组低压接地线未在工作票中明确具体装设位置，存在错挂接地线风险，见图 5-13。该行为违反《国网安监部关于印发严重违章释义的通知》（安监二〔2022〕33 号）中严重违章释义清单第九十四条的规定：应拉断路器（开关）、应拉隔离开关（刀闸）、应拉熔断器、应合接地刀闸、作业现场装设的工作接地线未在工作票上准确登录；工作接地线未按票面要求准确登录安装位置、编号、挂拆时间等信息。

应装设的接地线的位置	接地线编号
[redacted] 380V 上街 01 线#03 [redacted] 相无电压后挂设低压接地线	DYJD—[redacted]
[redacted] 区 380V 上街 02 线#03 杆验明 [redacted] 电压后挂设低压接地	DYJD—[redacted]
[redacted] 台区 380V 上街 01 线 [redacted] 验明三相无电压后挂设低压接线	DYJD—[redacted]
10kV [redacted] 17 线 [redacted] 变压器高压桩头验明三相无电压后挂设高压接地线	GYJD—[redacted]

图 5-13　某 10kV 某分线断杆抢修作业现场（一）

图 5-13　某 10kV 某分线断杆抢修作业现场（二）

案例 3

带电设备附近作业前未计算校核安全距离

某 10kV 某支线立杆、放线作业现场，在 10kV 带电线路中间加立电杆，带电作业班仅对 10kV 带电导线采取绝缘遮蔽措施后，由施工单位持配电二票进行带电立杆作业，存在较大的触电风险，见图 5-14。该行为违反《国家电网有限公司电力安全工作规程　第 8 部分：配电部分》第 8.3.12 条的规定：在带电线路、设备附近立、撤杆塔，杆塔、拉线、临时拉线应与带电线路、设备保持规定的安全距离，且应有防止立、撤杆过程中拉线跳动和杆塔倾斜接近带电导线的措施。

图 5-14　某公司新建 10kV 某支线立杆、放线作业现场及工作票（一）

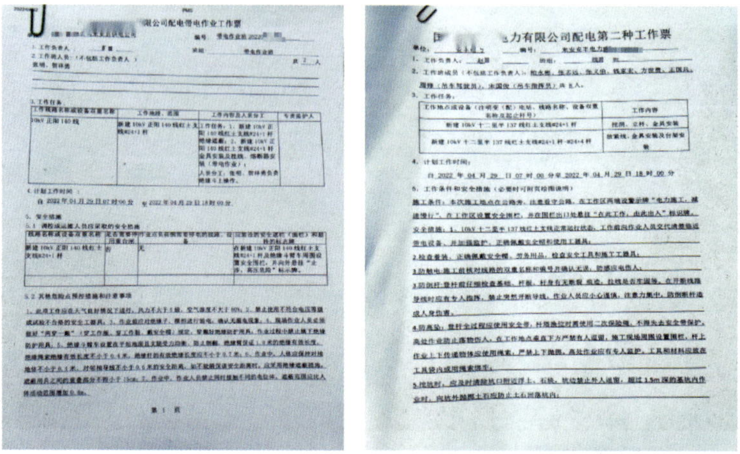

图 5-14　某公司新建 10kV 某支线立杆、放线作业现场及工作票（二）

案例 4　放线时导线摆动幅度较大存在触电风险

某 10kV 导线架设作业现场，在上方同杆架设 10kV 线路带电情况下，开展低压线路导线（11 档）展放作业，放线时导线摆动幅度较大，无法保证与上方带电线路的安全距离，存在触电风险，见图 5-15。该行为违反《国家电网有限公司电力安全工作规程　第 8 部分：配电部分》第 8.4.8 条的规定：放、撤导线应有人监护，注意与高压导线的安全距离，并采取措施防止与低压带电线路接触。

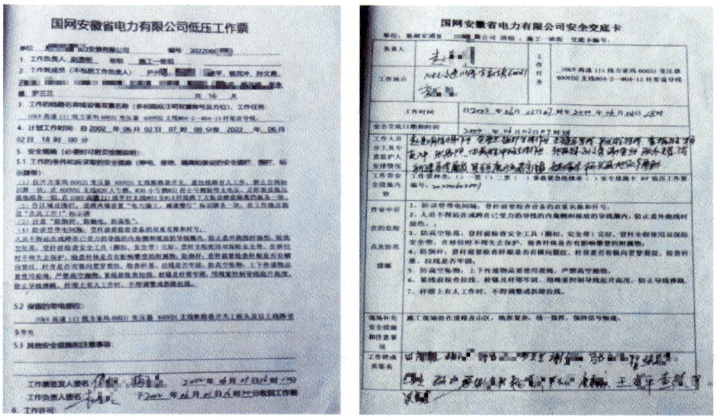
国网安徽省电力有限公司低压工作票

国网安徽省电力有限公司安全交底卡

图 5-15　某台区改造工程（导线架设）作业现场及工作票（一）

图 5-15　某台区改造工程（导线架设）作业现场及工作票（二）

案例 5

导线与上层高压带电线路的安全距离不足

某公司 10kV 某支线 #23 至 #23-1 杆安装跌落保险器、临时拉线、绝缘导线作业现场，作业人员在绝缘挡板已拆除的情况下，对预留过长的待 T 接导线进行临时盘绕固定，过程中导线与上层高压带电线路的安全距离不足，存在人员触电风险，见图 5-16。该行为违反《国家电网有限公司电力安全工作规程　第 8 部分：配电部分》第 11.2.8 条的规定：对作业中可能触及的其他带电体及无法满足安全距离的接地体（导线支承件、金属紧固件、横担、拉线等）应采取绝缘遮蔽措施。

图 5-16　某支线安装跌落保险器、临时拉线、绝缘导线作业现场

案例 6

接地线编号与实际不一致

某公司进行 10kV 配电综合检修作业，作业现场所使用的接地线编号与工作票所列接地线编号不一致，见图 5-17。该行为违反《国网安监部关于印发严重违章释义的通知》（安监二〔2022〕33 号）中严重违章释义清单第九十四条的规定：应拉断路器（开关）、应拉隔离开关（刀闸）、应拉熔断器、应合接地刀闸、作业现场装设的工作接地线未在工作票上准确登录；工作接地线未按票面要求准确登录安装位置、编号、挂拆时间等信息。

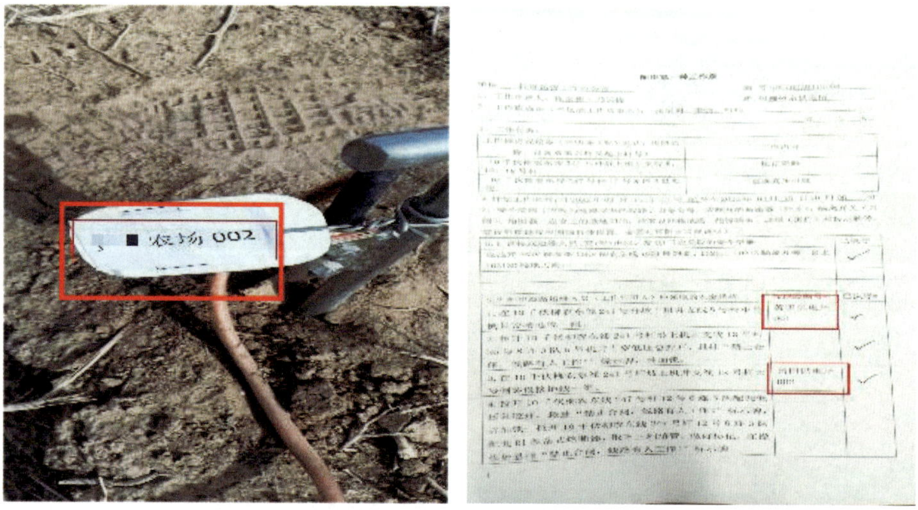

图 5-17　某 10kV 配电综合检修作业现场

案例 7

接地线挂接不牢靠

某台区配电变压器绝缘子更换现场，接地线挂接不牢靠，见图 5-18。该行为违反《国家电网有限公司电力安全工作规程　第 8 部分：配电部分》第 6.4.15 条的规定：接地线应接触良好、连接可靠，使用专用的线夹固定在导体上，不应用缠绕的方法接地或短路。不应使用其他导线接地或短路。

图 5-18　某台区配电变压器绝缘子更换现场

施工人员与带电线路安全距离不足

案例 8

某 10kV 线路带电搭设跨越架施工现场，施工人员与带电线路安全距离不足，见图 5-19。该行为违反《国网安监部关于印发严重违章释义的通知》（安监二〔2022〕33 号）中严重违章释义清单第三十二条的规定：在带电设备附近作业前未计算校核安全距离；作业安全距离不够且未采取有效措施。

图 5-19　某 10kV 线路带电搭设跨越架施工现场

二、高处坠落类风险

1、检查要点

1 安全带及其他防护设备是否合格。

2 高处作业是否规范使用安全带或采取其他防止坠落措施。

3 在杆上移动时，是否失去保护。

4 高处作业是否搭设脚手架、使用高空作业车、升降平台或采取其他防止坠落措施。

5 在没有脚手架或者在没有栏杆的脚手架上工作，高度超过 1.5m 时，是否用安全带或采取其他可靠的安全措施。

2、常见问题

1 高处作业未搭设脚手架、使用高空作业车、升降平台或采取其他防止坠落措施。

2 高处作业时，安全带、脚扣等外观检验不合格或超试验周期

3 安全带固定在不牢固的地方或未使用安全带。

4 上下电杆时遇到附着物，短时失去保护。

3、典型案例

案例

杆上作业人员在转移位置时失去安全保护

某公司更换10kV某支线#2杆干线跌落保险并连接作业现场，杆上作业人员在转移位置时失去安全保护，有坠落风险，见图5-20。该行为违反《国家电网有限公司电力安全工作规程　第8部分：配电部分》第8.2.3条的规定：杆塔上作业应注意以下安全事项：a）作业人员攀登杆塔、杆塔上移位及杆塔上作业时，手扶的构件应牢固，不应失去安全保护，并有防止安全带从杆顶脱出或被锋利物损坏的措施。

图5-20　某支线#2杆干线跌落保险并连接作业现场

三、倒杆类风险

1、检查要点

1. 现场拉线、锚桩的选择和使用是否与施工方案描述一致。
2. 杆上人员作业时是否有调整拉线。
3. 拉线、地锚、跨越架投入使用前是否开展验收。
4. 放、紧线前，在放线起始杆及终端杆是否正确设置反向拉线。
5. 架线施工前，是否对钢管塔地脚螺栓采取加垫板并拧紧螺帽及打毛丝扣的防卸措施。
6. 放、紧线时遇到卡挂情况是否松线后处理，处理人员是否站在导线外侧，是否采用工具、大绳等撬拉导线。

2、常见问题

1. 架线施工前，未检查地脚螺栓垫板与塔脚板是否靠紧、两螺母是否紧固到位及防卸措施是否到位。
2. 未设置杆塔临时拉线和对原有拉线进行补强，未根据拉线受力、环境条件等情况，选择必要安全系数并留有足够裕度的拉线规格。
3. 未根据实际情况、地锚型式及土质等情况确定地锚规格和具体埋设要求。
4. 拉线投入使用前未按照施工方案进行核查、验收；现场未设置验收合格牌。

5 放紧、撤线前，在放线起始杆及终端杆未正确设置反向拉线。

6 采用突然剪断导线的做法松线。

7 杆塔上有人时调整拉线。

8 遇到导线卡、挂现象时直接用手推拉导线。

3、典型案例

案例 1

吊车起吊电杆时人员同步开展高处作业

某 10kV 某支线立杆作业现场，现场施工组织不当，在原线路路径上增立电杆，吊车起吊电杆时，在该线路邻近的杆塔上有人员同步开展高处作业。起吊电杆时，可能扰动线路引起杆上人员失稳，一旦电杆松脱倒向线路，将会威胁杆上作业人员人身安全，见图 5-21。该行为违反《国家电网有限公司电力安全工作规程　第 8 部分：配电部分（试行）》第 8.3.3 条的规定：立、撤杆塔时，基坑内不应有人。除指挥人及指定人员外，其他人员应在杆塔高度的 1.2 倍距离以外。

图 5-21　某支线 #24 杆南边新立 #01 杆作业现场

案例 2

耐张塔的钢丝绳拉线绳装设不规范

某配电施工现场耐张塔的钢丝绳拉线绳卡压板未压在主要受力边，且少于 3 个，见图 5-22。该行为违反《国家电网有限公司电力安全工作规程　第 8 部分：配电部分》第 16.2.7.2 条的规定：钢丝绳的端部用绳卡固定连接时，绳卡压板应在钢丝绳的主要受力一边，不准正反交叉设置；绳卡间距不应小于钢丝绳直径的 6 倍；绳卡数量不应少于 3 个。

图 5-22　配电施工现场耐张塔的钢丝绳拉线绳

案例 3

放紧线作业，终端杆未设置临时拉线

某 10kV 某支线 #01-#06 杆更换导线作业现场，发现人员在进行雷庄支线 #01-#06 杆放、紧线前，终端杆未设置临时拉线，见图 5-23。该行为违反《国家电网有限公司电力安全工作规程　第 8 部分：配电部分》第 8.4.5 条的规定：紧线、撤线前，应检查拉线、桩桩及杆塔。必要时，应加固桩错或增设临时拉线。拆除杆上导线前，应检查杆根，做好防止倒杆措施。

图 5-23　某支线 #01-#06 杆更换导线作业现场

案例 4

放紧线作业，放线滑车选用不当

某 10kV 线路线双回路联络线路改造工程导线展放作业现场，现场采取牵引绳 1 牵 3 方式进行放线，使用的放线滑车为 3 轮滑车（滑车选用错误）。该放线方式中间导线与防扭鞭上下叠加厚度超过轮槽且不平衡，极易出现导线跳槽以及走板卡在滑车上。在绞磨牵引过程中，存在倒杆风险，见图 5-24。该行为违反《国家电网有限公司电力安全工作规程　第 8 部分：配电部分》第 8.4.3 条的规定：工作前应检查确认放线、紧线与撤线工具及设备符合要求。

图 5-24　某线路线双回路联络线路改造工程导线展放作业现场（一）

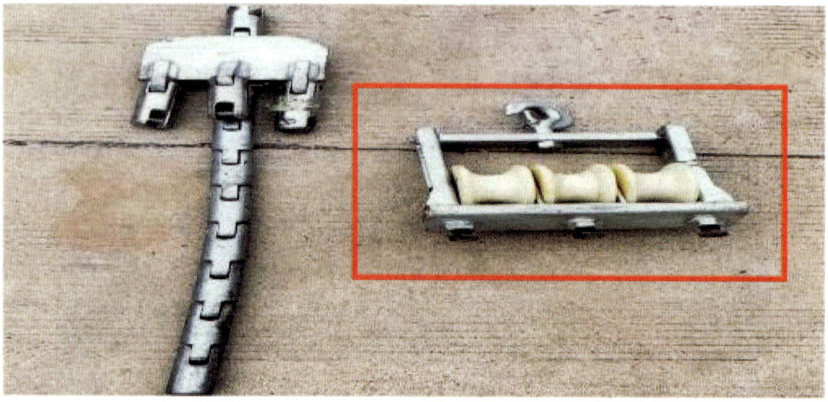

图 5-24　某线路线双回路联络线路改造工程导线展放作业现场（二）

四、物体打击类风险

1、检查要点

1. 链条葫芦、手扳葫芦吊钩封口部件是否完好。
2. 作业人员是否存在高空抛物、上下抛掷物品等行为。
3. 现场工具、材料放在横担上是否未绑扎固定。

2、常见问题

1. 链条葫芦、手扳葫芦吊钩无封口部件。
2. 高空抛物，上下抛掷物品。

3 工具、材料放在横担上未绑扎固定。

4 绞磨未可靠固定，滚筒内缠绕少于 5 圈，尾绳人员不足。

3、典型案例

案例 1

链条葫芦挂钩闭锁失效

某 10kV 线路 #28-#39 杆同杆架设低压导线作业现场，现场紧线使用的链条葫芦挂钩闭锁失效，存在导线脱落伤人风险，见图 5-25。该行为违反《国网安监部关于印发严重违章释义的通知》（安监二〔2022〕33 号）中严重违章释义清单第九十七条的规定：链条葫芦、手扳葫芦、吊钩式滑车等装置的吊钩和起重作业使用的吊钩无防止脱钩的保险装置。

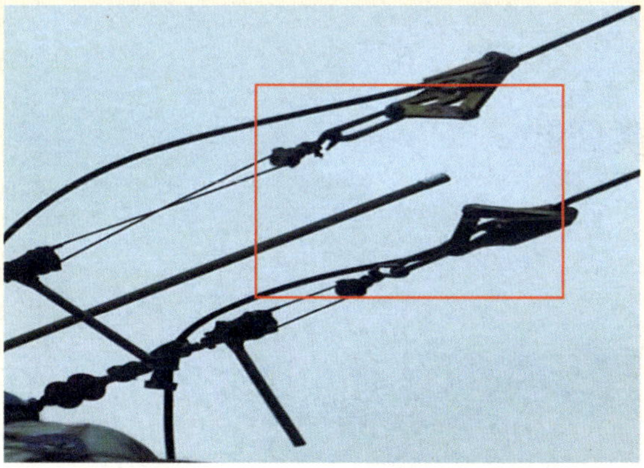

图 5-25　某线路 #28-#39 杆同杆架设低压导线作业现场

案例 2

真空开关拆除及导线连接现场随手将对穿螺栓扔下

某 35kV 变电站 10kV 某支线 #014 杆真空开关拆除并与新建 10kV 该支线 #014+1 杆导线连接及安装跌落保险作业现场，视频稽查发现现场 2 名作业人员在杆上进行横担金具拆除作业时，随手将拆除的对穿螺栓扔下，存在较大的物体打击安全风险，见图 5-26。该行为违反《国家电网有限公司电力安全工作规程　第 8 部分：配电部分》第 11.2.15 条的规定：地电位作业人员不应直接向进入电场的作业人员传递非绝缘物件。上、下传递工具、材料均应使用绝缘绳绑扎，不应抛掷。

图 5-26　安装跌落保险作业现场

五、机械伤害类风险

1、检查要点

1. 牵引过程中，人员是否站在或跨过以下位置：①受力的牵引绳或导（地）线；②牵引绳或导（地）线内角侧；③展放的牵引绳或导（地）线圈内；④牵引绳或架空线正下方。
2. 牵引过程中，牵引机、张力机进出口前方是否有人通过。
3. 绞磨、卷扬机是否放置在平整、坚实、无障碍物的场地上。

4 绞磨、卷扬机锚是否固定在树木或外露岩石等承力大小不明的物体上；地锚、拉线设置是否满足现场实际受力安全的要求。

5 绞磨、卷扬机受力前方是否有人，拉磨尾绳人员是否位于锚桩前面或站在绳圈内。

6 绞磨是否安置稳固，滚筒内缠绕是否少于 5 圈，是否由两人拉尾绳。

7 起重设备是否经检验检测机构检验合格，并在特种设备安全监督管理部门登记；机具的各种监测仪表以及制动器、限位器、安全阀、闭锁机构等安全装置是否完好；吊臂及吊物下方是否有人逗留或通行。

2、常见问题

1 牵引过程中，人员站在牵引绳或导（地）线内角侧、牵引绳或架空线正下方。

2 绞磨、卷扬机未安置稳固；绞磨、卷扬机锚固在树木或外露岩石等承力大小不明物体上。

3 绞磨、卷扬机受力前方有人。

4 拉磨尾绳人员位于锚桩前面或站在绳圈内。

5 使用金具 U 形环代替卸扣。

6 在交通道口采取无跨越架放紧线时，无专人指挥或其他措施。

7 吊车吊臂下有人逗留或通过。

3. 典型案例

案例 1

使用金具 U 形环代替卸扣

某公司 10kV 安装临时反向接线一套并新装断路器一台（暂不接火）及成套设备作业现场，在吊装断路器过程中，使用金具 U 形环代替卸扣，且金具 U 形环横向受力，见图 5-27。该行为违反《国网安监部关于印发严重违章释义的通知》（安监二〔2022〕33 号）中严重违章释义清单第六十九条的规定：使用金具 U 形环代替卸扣；使用普通材料的螺栓取代卸扣销轴。

图 5-27　某公司 10kV 安装临时反向接线作业现场

案例 2

现场未安排专人引导交通

某新建台区 D3-2-1 至 D3-2-9 杆放、紧线作业现场，跨越道路放、紧线，道路两侧电杆上有人作业，现场未安排专人引导交通，导致过往车辆直接从导线上驶过，存在车辆拖拽导线造成倒杆伤人风险，见图 5-28。该行为违反《国家电网有限公司电力安全工作规程　第 8 部分：配电部分》第 8.4.1 条的规定：放线、紧线与撤线工作均应有专人指挥、统一信号，并做到通信畅通、加强监护。

图 5-28　某台区 D3-2-1 至 D3-2-9 杆放紧线作业现场（一）

图 5-28　某台区 D3-2-1 至 D3-2-9 杆放紧线作业现场（二）

案例 3

抱杆组立铁塔方案与现场实际不符

某 10kV 支线改造工程作业现场，施工方案采用直径 150mm 的附着式钢管抱杆组立铁塔，而现场采用边长 300mm 的悬浮角钢抱杆组立铁塔，导致方案中的验算、工序、措施等与现场实际不符，见图 5-29。该行为违反《国网安监部关于印发严重违章释义的通知》（安监二〔2022〕33 号）中严重违章释义清单第六十五条的规定：重要工序、关键环节作业未按施工方案或规定程序开展作业；作业人员未经批准擅自改变已设置的安全措施。

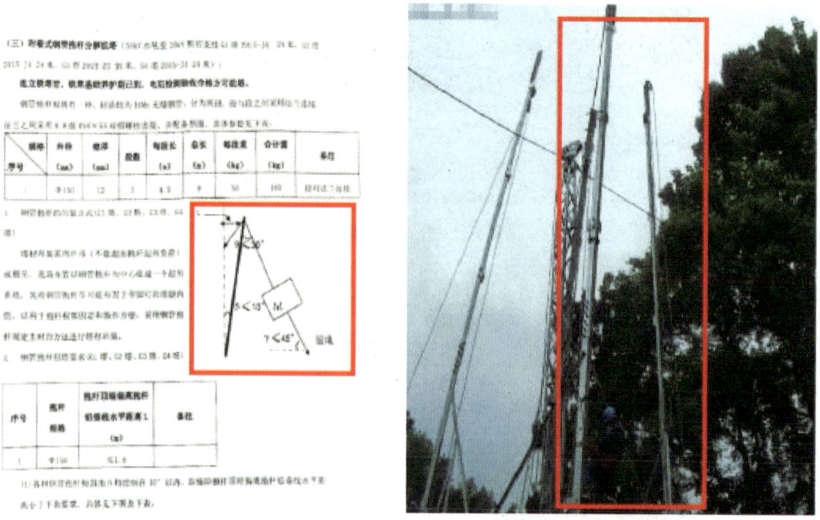

图 5-29　某 10kV 支线改造工程作业方案及现场

案例 4

起重机支腿支撑在不平坦的地面上

某 10kV 某线路工程加杆、安装跌落式开关作业现场，现场使用的吊车支腿支撑在不平坦的地面上，未采取防护措施，见图 5-30。该行为违反《国家电网有限公司电力安全工作规程　第 8 部分：配电部分》第 18.2.6 条的规定：作业时，起重机应置于平坦、坚实的地面上。不应在暗沟、地下管线等上面作业；无法避免时，应采取防护措施。

图 5-30　某 10kV 某线路工程加杆、安装跌落式开关作业现场

第三节　柱上变压器检修、更换

柱上变压器检修、更换作业主要涉及触电伤害、高空坠落、物体打击等风险。督查人员应对照检查要点对关键安全措施是否落实完善、作业过程是否存在违章进行核查，及时发现并纠正各类违章行为。

一、触电类风险

1、检查要点

1. 各侧来电端是否采取停电、验电、接地和防反送电安全措施。
2. 作业时，可能来电的各方、反送电的各分支线（包括用户）是否在正确位置装设接地线（接地刀闸）。
3. 作业时，作业人员是否擅自移动或拆除接地线（接地刀闸）。
4. 作业前，工作票所列的接地等安全措施是否全部完成后再开始工作。
5. 配合停电的同杆（塔）架设的配电线路装设接地线的要求是否与检修线路相同。
6. 在带电设备附近作业前是否根据带电体安全距离的要求，对施工作业中可能进入安全距离内的人员、机具、构件等进行计算校核。
7. 在带电设备附近作业，安全距离不够时是否采取绝缘遮蔽或停电作业等有效措施。

2、常见问题

1. 停电工作的线路未在所有可能来电线路装设接地线（合上接地刀闸）。
2. 光伏、自备发电机可能反送电至工作地段时未采取装设接地线或其他有效隔离防护措施。

3 作业人员擅自移动或拆除接地线（接地刀闸）。

4 配合停电的邻近线路、交叉跨越线路未装设接地线或采取其他隔离措施。

5 选用吊车、叉车吨位不满足要求。

6 在带电设备附近作业前，未根据带电体安全距离的要求，对施工作业中可能进入安全距离内的人员、机具、构件等进行复核。安全距离不够时，未采取有效措施。

3、典型案例

案例 1

作业现场缺少低压防反送电措施

某更换变压器桩头作业现场，作业现场缺少低压防反送电措施，见图 5-31。该行为违反《国家电网有限公司电力安全工作规程　第 8 部分：配电部分》第 6.2.7 条的规定：低压配电线路和设备检修，应断开所有可能来电的电源（包括解开电源侧和用户侧连接线），对工作中有可能触碰的相邻带电线路、设备应采取停电或绝缘遮蔽措施。

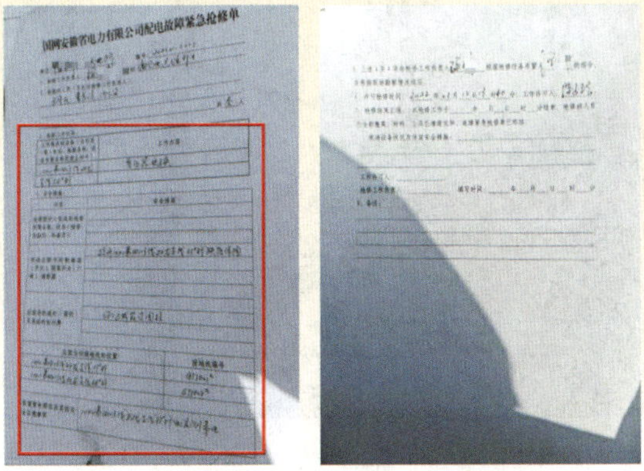

图 5-31　某更换变压器桩头作业现场（一）

图 5-31　某更换变压器桩头作业现场（二）

案例 2

未在所有可能来电线路装设接地线

某省公司更换 35kV 某变电站 10kV 汤池 03 线 #1 台区熔断器作业现场，未在所有可能来电线路装设接地线，见图 5-32。该行为违反《国家电网有限公司电力安全工作规程　第 8 部分：配电部分》第 9.1.2 条的规定：柱上变压器台架工作前，应先断开低压侧的空气开关、刀开关，再断开变压器台架的高压线路的隔离开关（刀闸）或跌落式熔断器，并对高低压侧验电、接地。若变压器的低压侧无法装设接地线，应采用绝缘屏蔽措施。

图 5-32　台区熔断器作业现场

案例 3

措施不完善情况下剥除绝缘导线绝缘层

某公司 10kV 某线路跌落式熔断器抢修作业现场，杆上作业人员在拉开主干线开关的情况下，直接对绝缘导线进行验电，用美工刀剥除绝缘层以便装设接地线，若实际未停电或有反送电，剥除绝缘层过程中就可能导致触电。该行为违反《国家电网有限公司电力安全工作规程　第 8 部分：配电部分》第 9.1.2 条的规定：柱上变压器台架工作前，应先断开低压侧的空气开关、刀开关，再断开变压器台架的高压线路的隔离开关（刀闸）或跌落式熔断器，并对高低压侧验电、接地。若变压器的低压侧无法装设接地线，应采用绝缘遮蔽措施。

案例 4

接地线装设在验电接地环的绝缘部分

某 35kV 城关变电站 10kV 某线路县委办公用配电变压器烧坏抢修作业现场，发现现场作业人员将接地线装设在验电接地环的绝缘部分，导致接地线未真正起到保护作用，见图 5-33。该行为违反《国家电网有限公司电力安全工作规程　第 8 部分：配电部分》第 6.4.10 条的规定：在配电线路和设备上，接地线的装设部位应在与检修线路和设备电气直接相连去除油漆或绝缘层的导电部分。绝缘导线的接地线应装设在验电接地环或其他验电接地装设上。

图 5-33　某线路县委办公用配电变压器烧坏抢修作业现场

案例 5

吊车与带电部位距离不足

某 10kV 台区配电变压器 #01-#02 杆更换变压器作业现场，吊车大臂与带电部位距离仅 0.5~0.6m，存在触电风险，见图 5-34。该行为违反《国家电网有限公司电力安全工作规程　第 8 部分：配电部分》第 18.2.7 条的规定：作业时，起重机的臂架、吊具、辅具、钢丝绳及吊物等与架空输电线路及其他带电体的距离不应小于规定，且应设专人监护。

4．安全措施：

内容	安全措施
由调控中心完成的线路间隔名称、状态（检修、热备用、冷备用）	10kv 王楼 11[redacted]验出线侧停电
现场应断开的断路器（开关）、隔离开关（刀闸）、熔断器	1.停电：拉开 10kv[redacted]变低压负荷开关，拉开 10kv 王楼[redacted]保险。2.验电：验明拉开 10kv[redacted]跌落保险出线侧三项均无电压。
应装设的遮栏（围栏）及悬挂的标示牌	1.标示牌：：在 10[redacted]变跌落保险下面悬挂禁止合闸，线路有人工作标示牌。2.围栏（遮栏）：在工作地点周围装设围栏（遮栏）。

图 5-34　某台区配电变压器 #01-#02 杆更换变压器作业现场及方案

二、高处坠落类风险

1、检查要点

1 安全带及其他防护设备是否合格。

2 高处作业是否规范使用安全带或采取其他防止坠落措施。

3 在杆上移动时，是否失去保护。

2、常见问题

1 高处作业时，安全带、脚扣等外观检验不合格或超试验周期。

2 安全带固定在不牢固的地方或未使用安全带。

3 上下电杆时遇到附着物，短时失去保护。

3、典型案例

案例

作业人员下杆时未认真检查，左脚蹬空

某县供电公司进行变压器检修工作，李某从横担位置下杆时，由于杆上缺部分脚钉，未认真检查，左脚蹬空，失手从 11m 处坠落地面。由于摔落过程中安全帽脱离头部，导致坠落地面时头部先触地，当场死亡。该行为违反《国家电网有限公司电力安全工作规程　第 8 部分：配电部分》第 8.2.1 条的规定：登杆塔前应做好以下工作：e）检查登高工具、设施（如脚扣、升降板、安全带、梯子和脚钉、爬梯、防坠装置等）是否完整牢靠。

三、物体打击类风险

1、检查要点

1. 起重机在吊装过程中，受力钢丝绳周围或起吊物下方是否有人逗留或通过。
2. 链条葫芦、手扳葫芦吊钩封口部件是否完好。
3. 作业人员是否存在高空抛物、上下抛掷物品等行为。
4. 现场工具、材料是否放在横担上，是否绑扎固定。

2、常见问题

1. 链条葫芦、手扳葫芦、吊钩无封口部件或封口损坏。
2. 高空抛物，上下抛掷物品。
3. 工具、材料放在横担上未绑扎固定。
4. 吊车起吊时，吊臂、吊件垂直下方有人逗留或通过。

3、典型案例

案例

剪线钳长时间浮搁在横担上

某 10kV 台区改造工程作业现场，剪线钳长时间浮搁在横担上，未进行绑扎固定，有坠落伤人风险，见图 5-35。该行为违反《国家电网有限公司电力安全工作规程　第 8 部分：配电部分》第 11.2.15 条的规定：地电位作业人员不应直接向进入电场的作业人员传递非绝缘物件。上、下传递工具、材料均应使用绝缘绳绑扎，不应抛掷。

图 5-35　某 10kV 某台区改造工程作业现场

第四节　电缆施工、检修

电缆施工、检修作业主要存在有限空间内中毒、窒息、机械伤害、触电、物体打击、高处坠落等风险，督查人员应对照检查要点对关键安全措施是否落实完善、作业过程是否存在违章进行核查，及时发现并纠正各类违章行为。

一、触电类风险

1、检查要点

1 电力电缆标志牌的名称与工作票所填写的是否相符以及安全措施是否正确可靠。

2 电力电缆的标志牌与电网系统图、电缆走向图和电缆资料的名称是否一致。

3 开断电缆前，是否与电缆走向图核对，是否使用仪器确认电缆无电压，是否用接地的带绝缘柄的铁钎或其他打钉设备钉入电缆芯。

4 开断电缆时扶绝缘柄的人是否戴绝缘手套并站在绝缘垫上，是否采取防灼伤措施。

5 使用远控电缆割刀开断电缆时，刀头是否可靠接地，周边其他施工人员是否临时撤离。

6 远控操作人员是否与刀头保持足够的安全距离，以防止弧光和跨步电压伤人。

7 开启高压电缆分支箱（室）门是否两人进行，接触电缆设备前是否验明确无电压并接地。

8 在高压电缆分支箱（室）内工作前，是否将所有可能来电的电源全部断开。

9 进行电缆耐压等试验前，是否对被试电缆充分放电。加压端是否采取措施防止人员误入试验场所；另一端是否设置遮栏（围栏）并悬挂警告标示牌。若另一端是上杆的或是开断电缆处，是否派人看守。

10 电缆试验过程中需更换试验引线时，作业人员是否戴好绝缘手套对被试电缆充分放电。

11 电缆试验结束，是否对被试电缆充分放电，并在被试电缆上加装临时接地线。拆除临时接地线前，电缆终端引出线是否接通。

12 电缆故障声测定点时，是否直接用手触摸电缆外皮或冒烟小洞。

2、常见问题

1 电力电缆标志牌的名称模糊不清晰，无法正确识别。

2 线路切改后未将电力电缆标志牌重新更换为切改后正确的。

3 开断电缆前未进行验电、未确认电缆有无电压。

4 铁钎或其他打钉设备钉入电缆芯时设备未接地。

5 扶绝缘柄的人未戴绝缘手套且未站在绝缘垫上。

6 远控电缆割刀开断电缆时，刀头未可靠接地或接地不牢固。

7 远控操作人员未保持足够的安全距离。

8 周边其他施工人员未临时撤离工作区域。

9 一人独自开启高压电缆分支箱（室）门。

10 在高压电缆分支箱（室）内工作前，未拉开可能来电的全部的电源开关及刀闸。

11 电缆耐压等试验前，未使用放电棒对被试电缆充分放电。

12 电缆耐压时加压端未装设遮栏（围栏）并悬挂“在此工作”标示牌，未防止人员误入试验场所。

13 电缆耐压时加压端的另一端未设置遮栏（围栏）并悬挂“止步，高压危险”标示牌。

14 电缆耐压时加压端的另一端是上杆的或是开断电缆处，未设置遮栏（围栏）并悬挂“止步，高压危险”标示牌，未派人看守或看守人员擅自离岗。

15 电缆试验过程中需更换试验引线时，作业人员未戴好合格的绝缘手套对被试电缆充分放电或放电不充分。

16 电缆试验结束，未对被试电缆充分放电，未在被试电缆上加装临时接地线。拆除临时接地线前，电缆终端引出线未接通。

17 电缆试验结束，未对被试电缆采用“先阻放后直放”方式放电。

18 对电缆故障进行声测定位时，人员直接用手触摸电缆外皮或冒烟小洞。

3、典型案例

案例

电缆本侧均为接地

某 10kV 环网柜故障更换抢修作业现场，电缆本侧均未接地，仅在电缆对侧采取相应安全措施，且周围电缆线路较多，存在电缆两端不对应风险。为确保作业人员打开柜门、接触电缆时人身安全，环网柜本侧必须接地，而实际未接地，见图 5-36。该行为违反《国家电网有限公司电力安全工作规程　第 8 部分：配电部分》第 6.4.9 条的规定：作业人员应在接地线的保护范围内作业。不应在无接地线或接地线装设不齐全的情况下进行高压检修作业。同时违反第9.3.2条的规定：打开环网柜柜门前，应先停电、验电、合上接地刀闸。

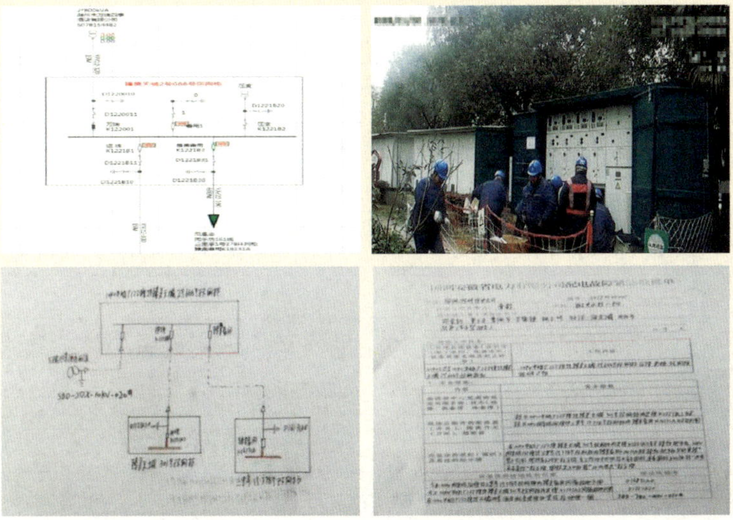

图5-36　某公司10kV某环网柜故障更换抢修作业现场

二、中毒、窒息类风险

1、检查要点

1. 施工现场涉及有限空间作业是否执行“先通风、再检测、后作业”的要求。
2. 是否设置专职监护人。
3. 是否配备气体检测仪、呼吸器、通风机等安全防护装备和应急救援装备。
4. 作业现场是否配备对讲机等通信设备。
5. 有限空间作业气体检测记录是否完善。
6. 有限空间数量、具体作业人员、监护人员是否明确。

2、常见问题

1. 有限空间作业程序不清楚，未编制有限空间方案，应急救援装备不齐全。
2. 未在入口设置监护人或监护人擅离职守。
3. 通风设备、气体检测仪器损坏。
4. 未根据有限空间作业的特点和应急预案、现场处置方案，配备使用气体检测仪、呼吸器、通风机等安全防护装备和应急救援装备。
5. 当作业现场无法通过目视、喊话等方式进行沟通时，未配备对讲机。
6. 有限空间作业气体检测记录不完善。
7. 有限空间作业施工方案中未体现有限空间数量，具体作业人员、监护人员不明确。

3、典型案例

案例 1

有限空间作业未进行通风及气体检测

某 10kV 线路迁改作业现场，有限空间作业未进行通风及气体检测，见图 5-37。分别违反《国家电网有限公司电力安全工作规程　第 8 部分：配电部分》第 14.1.4、14.1.5、14.1.7 条的规定。14.1.4：进入电缆井、电缆隧道前，应先用吹风机排除浊气，再用气体检测仪检查井内或隧道内的易燃易爆及有毒气体的含量是否超标，并做好记录。14.1.5：电缆井、电缆隧道内工作时，通风设备应保持常开。不应只打开电缆井一只井盖(单眼井除外)。作业过程中应用气体检测仪检查井内或隧道内的易燃易爆及有毒气体的含量是否超标，并做好记录。14.1.7：电缆沟地盖板开启后，应自然通风一段时间；下井沟工作前，应经检测合格。

图 5-37　某 10kV 线路迁改作业现场

案例 2

现场未使用有限空间作业警示标识

某 10kV 线路电缆井内电缆接头制作及接入救援装置配置不全，缺三脚架救援系统或侧边进入系统装置，未使用有限空间作业警示标识，存在作业人员未得到警示误入作业现场，增加救援难度的风险，见图 5-38。该行为违反《国家电网有限公司有限空间作业安全工作规定》（国家电网安监〔2023〕21 号）第二十四条的规定：有限空间作业过程中，还应同时遵守以下规定：（一）保持有限空间出入口畅通，并设置遮栏（围栏）和明显的安全警示标志及警示说明，夜间应设警示灯。

图 5-38　某 10kV 线路电缆井内电缆接头制作及接入现场

案例 3

有限空间作业人员中毒

某公司 10kV 创新线电缆工程施工现场，在未对电缆沟进行有毒、有害气体检测且未采取通风措施的情况下，王某、高某、赵某进入电缆沟内作业，均中毒身亡。该行为违反《国家电网有限公司电力安全工作规程　第 8 部分：配电部分》第 14.1.4 条的规定：进入电缆井、电缆隧道前，应先用吹风机排除浊气，再用气体检测仪检查井内或隧道内的易燃易爆及有毒气体的含量是否超标，并做好记录。

三、机械伤害类风险

1、检查要点

1 牵引过程中，人员是否站在或跨过以下位置：①受力的牵引绳或导（地）线；②牵引绳或导（地）线内角侧；③展放的牵引绳或导（地）线圈内；④牵引绳或架空线正下方。

2 牵引过程中，牵引机、张力机进出口前方是否有人通过。

3 绞磨、卷扬机是否放置在平整、坚实、无障碍物的场地上。

4 绞磨、卷扬机锚是否固定在树木或外露岩石等承力大小不明的物体上；地锚、拉线设置是否满足现场实际受力安全的要求。

5 绞磨、卷扬机受力前方是否有人，拉磨尾绳人员是否位于锚桩前面或站在绳圈内。

6 绞磨是否安置稳固，滚筒内缠绕是否少 5 圈，是否由两人拉尾绳。

2、常见问题

1 牵引过程中，人员站在牵引绳或导（地）线内角侧、牵引绳或架空线正下方。

2 绞磨、卷扬机未安置稳固，绞磨、卷扬机锚固在树木或外露岩石等承力大小不明的物体上。

3 绞磨、卷扬机受力前方有人。

4 拉磨尾绳人员位于锚桩前面或站在绳圈内。

5 使用金具U形环代替卸扣。

6 在交通道口采取架空敷设电缆时，无专人指挥或其他措施。

3、典型案例

案例

待敷设的电缆放置在围栏外的交通道路上

某村10kV公用变压器#24杆至新装#13分箱工井抽水、敷设电缆现场，待敷设的电缆放置在围栏外的交通道路上，交通警示牌距离不足且被遮蔽，存在通行车辆拖挂电缆、发生交通事故的风险，见图5-39。该行为违反《国家电网有限公司电力安全工作规程　第8部分：配电部分》第6.5.12条的规定：城区、人口密集区或交通道口和通行道路上施工时，工作场所周围应装设遮栏（围栏），并在相应部位装设警告标示牌。必要时，派人看管。

图5-39　某村公用变压器#24杆至新装#13分箱工井抽水、敷设电缆现场

四、物体打击类风险

1、检查要点

1. 链条葫芦、手扳葫芦吊钩封口部件是否完好。
2. 作业人员是否存在高空抛物、上下抛掷物品等行为。
3. 现场工具、材料放在横担上是否未绑扎固定。
4. 采用吊车起吊时，吊件垂直下方是否有人逗留或通过，起重作业时是否设专人指挥。
5. 起吊前是否检查各受力点是否均衡，是否存在倾斜、不牢固情况。

2、常见问题

1. 链条葫芦、手扳葫芦吊钩无封口部件。
2. 高空抛物，上下抛掷物品。
3. 工具、材料放在横担上未绑扎固定。
4. 采用吊车起吊时，吊件垂直下方有人逗留或通过，起重作业时未设专人指挥。
5. 采用吊车起吊时失去监护。
6. 起吊前未检查各受力点是否均衡，未检查是否有倾斜、不牢固的情况。

3、典型案例

案例

工作人员抛物传递工具

某公司工作人员在架空线路作业中用抛物的方式传递工具，见图 5-40。该行为违反《国家电网有限公司电力安全工作规程 第 8 部分：配电部分》第 17.1.5 条的规定：高处作业应使用工具袋，上下传递材料、工器具应使用绳索。

图 5-40　某架空线路作业现场

五、高处坠落类风险

1、检查要点

1 开启电缆井井盖、电缆沟盖板及电缆隧道人孔盖时是否注意站立位置，以免坠落。

2 开启电缆井井盖后是否设置遮栏（围栏），是否派专人看守。

3 开启电缆井井盖作业结束后以及人员撤离后，是否立即恢复电缆井井盖。

4 安全带及其他防护设备是否合格。

5 高处作业是否规范使用安全带或采取其他防止坠落措施。

6 在杆上移动时是否失去保护。

7 高处作业是否搭设脚手架、使用高空作业车、升降平台或采取其他防止坠落措施。

2、常见问题

1 电缆井井盖、电缆沟盖板及电缆隧道人孔盖开启时未注意人员站立位置，人员可能坠落井内。

2 高处作业未搭设脚手架、未使用高空作业车及升降平台或未采取其他防止坠落措施。

3 高处作业时，安全带、脚扣等外观检验不合格或超试验周期。

4 安全带固定在不牢固的地方或未使用安全带。

5 上下电杆时遇到附着物，短时失去保护。

6 电缆井井盖开启后未在电缆井四周设置遮栏（围栏），未派专人看守。

7 电缆井作业结束后及人员撤离后，未将电缆井井盖盖好，恢复原状。

3. 典型案例

案例

电缆井盖打开后未设置围栏

某10kV分接箱更换为环网柜现场；电缆井盖打开后，未设置围栏。存在人员跌落受伤风险，见图5-41。该行为违反《国家电网有限公司电力安全工作规程　第8部分：配电部分》第14.2.2条的规定：开启电缆井井盖、电缆沟盖板及电缆隧道人孔盖时应注意站立位置，以免坠落，开启电缆井井盖应使用专用工具。开启后应设置遮栏（围栏），并派专人看守。作业人员撤离后，应立即恢复。

图5-41　某10kV分接箱更换为环网柜现场

第五节　箱变、环网柜等设备停电检修

箱变、环网柜等设备停电检修作业主要涉及触电伤害、有限空间作业、机械伤害等风险。督查人员应对照检查要点对关键安全措施是否落实完善、作业过程是否存在违章进行核查，及时发现并纠正各类违章行为。

一、触电类风险

1、检查要点

1. 环网柜（开关柜、箱变）更换以及进出线电缆停电检修作业时，进出线电缆两侧是否采取验电、逐相对地充分放电、接地等措施。

2. 箱变、环网柜等设备停电工作时，是否采取设置围栏围网、加锁等警示及隔离措施。

3. 使用吊车安装箱变、环网柜过程中，注意与带电线路的安全距离是否满足《国家电网公司电力安全工作规程　第8部分：配电部分》的规定。

2、常见问题

1. 环网柜（开关柜、箱变）更换以及进出线电缆停电检修作业时，检修侧电缆未充分放电，造成人员触电；或未在检修侧电缆及对侧装设接地线，存在人员触电风险。

2 箱变、环网柜等设备停电工作时，工作现场未设置围栏，从而造成非工作班成员进入作业现场。

3 未按要求对运行设备悬挂“止步，高压危险！”标示牌；未按要求对停电检修设备悬挂“禁止合闸，有人工作！”或“禁止合闸，线路有人工作！”标示牌，未采取加锁等措施。

4 作业现场未勘察到位，作业人员、导线、施工机具与带电线路的安全距离不满足《国家电网公司电力安全工作规程　第8部分：配电部分》的规定；未制定防止误碰带电设备的安全措施。

3、典型案例

案例1

环网柜更换作业现场，电缆本侧均未接地

某10kV开闭所Ⅰ线1A2线、Ⅱ线1A4线#1环网柜更换作业现场，电缆本侧均未接地，仅在电缆对侧采取相应安全措施，且电缆通道内有另外2根电缆线路，存在电缆两端不对应风险，为确保作业人员打开柜门，接触电缆时人身安全，环网柜本侧必须接地，见图5-42。该行为违反《国家电网有限公司电力安全工作规程　第8部分：配电部分》第6.4.9条的规定：作业人员应在接地线的保护范围内作业。不应在无接地线或接地线装设不齐全的情况下进行高压检修作业。

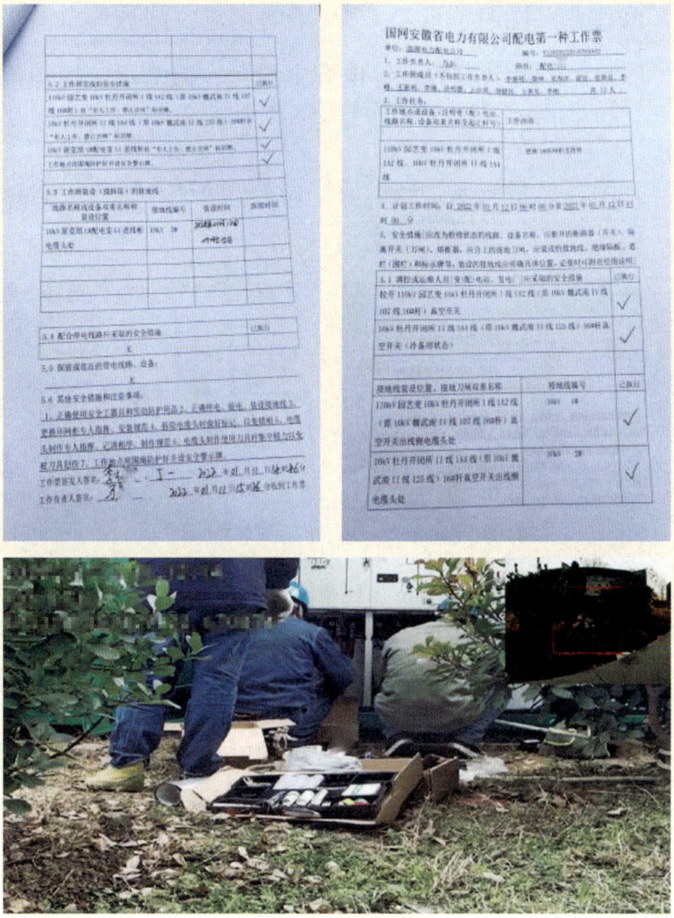

图 5-42　某开闭所环网柜更换作业现场

案例 2

环网柜电缆接入未合上该间隔接地刀闸

某电力线缆迁移工程进行电缆开断、电缆中间接头制作、电缆终端制作，接入、试验作业现场电缆接入的环网柜已于前一日送电，属运行环网柜。本次电缆接入工作未合上该间隔的接地刀闸，且相邻运行间隔未装设围栏并悬挂红布幔，见图 5-43。该行为违反《国家电网有限公司电力安全工作规程　第 8 部分：配电部分》第 6.4.9 条的规定：作业人员应在接地线的保护范围内作业。不应在无接地线或接地线装设不齐全的情况下进行高压检修作业。同时违反第 6.5.9 条的规定：部分停电的工作，小于表 2 规定距离以内的未停电配电设备，应装设临时遮栏，临时遮栏与带电部分的距离不应小于表 2 括号中的数值。临时遮栏可用坚韧绝缘材料制成，装设应牢固，并悬挂“止步，高压危险！”标示牌。

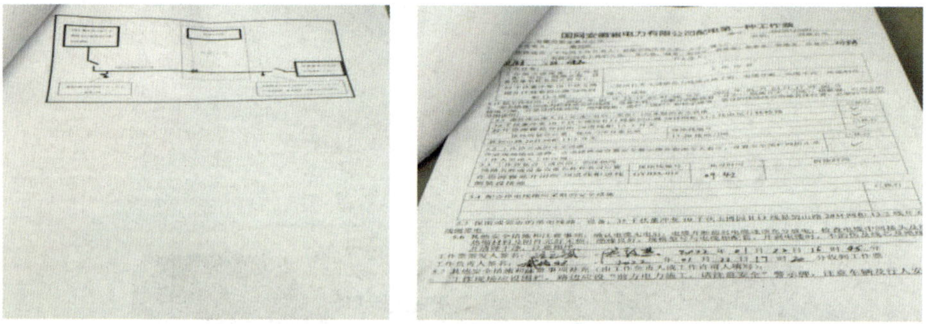

图 5-43　某电力线缆迁移工程

案例 3

环网柜开关操作把手未悬挂“禁止合闸，有人工作！”标示牌

某停电检修现场作业中，环网柜电缆搭火，环网柜开关操作把手未悬挂“禁止合闸，有人工作！”标示牌，见图 5-44。该行为违反《国家电网有限公司电力安全工作规程　第 8 部分：配电部分》第 6.5.2 条的规定：在一经合闸即可送电到工作地点的断路器（开关）和隔离开关（刀闸）的操作处或机构箱门锁把手上及熔断器操作处，应悬挂“禁止合闸，有人工作！”标示牌；若线路上有人工作，应悬挂“禁止合闸，线路有人工作！”标示牌。

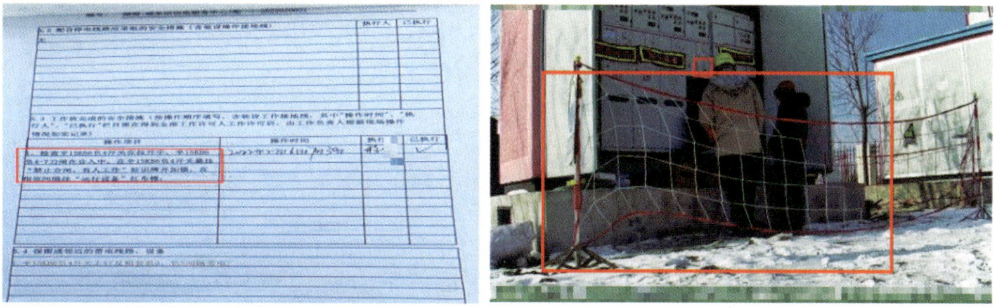

图 5-44　某停电检修现场作业现场

案例 4

现场未按要求对运行设备悬挂“止步，高压危险！”标示牌

某党风廉政教育基地 10kV 电缆接入环网柜作业现场，未按要求对运行设备悬挂“止步，高压危险！”标示牌，存在防触电措施落实不到位风险；现场一组 10kV 接地线编号牌缺失，存在工器具混用风险，见图 5-45。该行为违反《国家电网有限公司电力安全工作规程　第 8 部分：配电部分》第 6.5.6 条的规定：高低压配电室、开关站部分停电检修或新设备安装，应在工作地点两旁及对侧运行设备间隔的遮栏（围栏）上和不应通行的过道遮栏（围栏）上悬挂“止步，高压危险！”标示牌。同时违反第 16.1.6 条的规定：机具和电力安全工器具应统一编号，专人保管。入库、出库、使用前应检查。不应使用损坏、变形、有故障等不合格的机具和安全工器具。

图 5-45　某党风廉政教育基地 10kV 电缆接入环网柜作业现场

二、物体打击风险

1、检查要点

1. 吊车（叉车）起吊（抬升）时，吊物垂直下方是否有人逗留或通过；工作地点是否设置遮栏（围栏）或装设其他保护装置。

2. 吊车支腿地基是否平稳坚实，支腿是否完全打开；地基情况不明时支腿下方是否使用枕木或钢板衬垫。

3. 起重作业是否设专人指挥，选择起重设备是否合适，是否经过校核。

2、常见问题

1. 吊车（叉车）起吊（抬升）时，吊物垂直下方有人逗留或通过；工作地点未设置遮栏（围栏）等有效防止人员误入的保护措置，存在落物伤人的情况。

2. 吊车支腿地基不平稳或情况不明时，未使用枕木或钢板衬垫，或使用不符合安规要求的物体衬垫；由于作业现场空间有限，支腿未完全打开。

3. 起重作业未设专人指挥，或出现多人指挥；现场起重作业环境嘈杂，未设置中间指挥人员传递信号，存在误传递风险。

4. 吊物超过起重设备铭牌的规定。

5. 起重设备未经过检验检测机构检验合格。

3、典型案例

案例 1

叉车抬升的环网柜下方有人员作业

某环网柜更换作业现场使用叉车抬升的环网柜下方有人员作业，存在重物坠落伤人风险，见图 5-46。该行为违反《国家电网有限公司电力安全工作规程　第 8 部分：配电部分》第 18.2.3 条的规定：在起吊、牵引过程中，受力钢丝绳的周围、上下方、转向滑车内角侧、吊臂和起吊物的下面，不应有人逗留和通过。

图 5-46　某环网柜更换作业现场

案例 2

现场涉及高处作业、吊车施工，未按照安规要求设置围栏进行封闭管理

某公司新建电缆沟，10kV 某线路吊装箱变作业现场，涉及高处作业、吊车施工，未按照安规要求设置围栏进行封闭管理，存在人员误入危险区域的风险，见图 5-47。该行为违反《国家电网有限公司电力安全工作规程　第 8 部分：配电部分》第 18.1.8 条的规定：在道路上施工应设遮栏（围栏），并悬挂警告标示牌。同时违反第 19.1.14 条的规定：高处作业，除有关人员外，他人不应在工作地点的下方通行或逗留，存在人员误入风险时应设置遮栏（围栏）或装设其他保护装置。

图 5-47　10kV 某线路吊装箱变作业现场

三、高处坠落风险

1、检查要点

1. 链条（手扳）葫芦吊钩封口部件是否完好。
2. 起吊重物前是否先进行试吊，检查悬吊情况及所吊物件的捆绑情况。

2、常见问题

1. 链条葫芦、手扳葫芦吊钩无封口部件或封口部件有但损坏不能使用。
2. 起吊重物前未进行试吊，检查悬吊情况及所吊物件的捆绑情况，出现捆绑较松、吊点位置不对等状况。

3、典型案例

案例

作业人员高处作业未系安全带

某作业现场，高处作业人员未系安全带，见图 5-48。该行为违反《国家电网有限公司电力安全工作规程　第 8 部分：配电部分》第 17.2.4 条的规定：作业人员作业过程中，应随时检查安全带是否拴牢。高处作业人员在转移作业位置时不得失去安全保护。

图 5-48　高处作业人员未系安全带

四、中毒、窒息（有限空间）

1、检查要点

1 施工现场涉及有限空间作业是否执行“先通风、再检测、后作业”的要求。

2 是否设置专职监护人。

3 是否配备气体检测仪、呼吸器、通风机等安全防护装备和应急救援装备。

4 作业现场是否配备对讲机等通信设备。

5 有限空间作业气体检测记录是否完善。

6 有限空间数量、具体作业人员、监护人员是否明确。

2、常见问题

1 有限空间作业程序不清楚，未编制有限空间作业方案，应急救援装备未配备或不齐全。

2 未在入口设置监护人或监护人擅离职守。

3 通风设备、气体检测仪器损坏。

4 未根据有限空间作业的特点和应急预案、现场处置方案，配备使用气体检测仪、呼吸器、通风机等安全防护装备和应急救援装备。

5 当作业现场无法通过目视、喊话等方式进行沟通时，未配备对讲机。

6 有限空间作业气体检测记录不完善。

7 有限空间作业施工方案中未体现有限空间数量，具体作业人员、监护人员不明确。

3、典型案例

案例 1

作业现场未按要求进行持续通风

某开闭所 #32 工井电缆中间接头制作作业现场，#32 电缆井内有雨污水，作业人员将柴油发电机布置在井口上风口，15 时 19 分上传照片显示一氧化碳检测含量为 21ppm（接近 25ppm 限值）。现场未按要求进行持续通风（经安全督查中心提醒重新检测，发现井口处一氧化碳含量为 90ppm 并在井内持续报警，应为发电机排放尾气污染导致），存在井内作业人员中毒窒息风险，见图 5-49。该行为违反《国家电网有限公司有限空间作业安全工作规定》（国家电网安监〔2023〕21 号）第二十五条的规定：有限空间作业过程中，应当始终采取通风措施，保持空气流通，禁止采用纯氧通风换气。

图 5-49　某开闭所 #32 工井电缆中间接头制作作业现场

案例 2

有限空间作业一氧化碳含量超标

某 10kV 丰收二回 6476 线电缆头热熔制作作业现场，在电缆井内（有限空间）开展作业。井内有雨污水，在气体检测仪检测一氧化碳含量超标（30ppm，高于 25ppm 的标准限值）的情况下，工作负责人未重新安排持续通风并检测合格，即安排人员开展井内作业，存在井内作业人员中毒窒息风险，见图 5-50。该行为违反《国家电网有限公司有限空间作业安全工作规定》（国家电网安监〔2023〕21 号）第二十条的规定：未经通风和检测合格，任何人员不得进入有限空间作业。

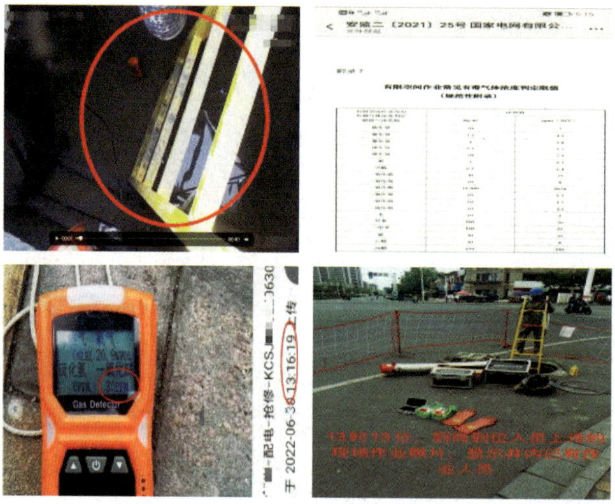

图 5-50　某电缆头热熔制作作业现场

第六节　绝缘手套作业法带电组立电杆

绝缘手套作业法带电组立电杆主要涉及触电伤害和物体打击风险。督查人员应对照检查要点对关键安全措施是否落实完善、作业过程是否存在违章进行核查、及时发现并纠正各类违章行为。

一、触电（含高压触电、感应电触电）类风险

1、检查要点

1　现场勘察时，是否组织吊车操作员及指挥人员参加勘察，是否掌握现场作业环境和作业风险。

2 作业前是否检测作业条件和作业现场湿度、风速。

3 是否正确穿戴和使用绝缘防护用具。

4 作业过程中，作业人员是否同时接触两个不同的电位体。

5 电杆组立通道内的带电导线是否采取绝缘遮蔽措施。

2、常见问题

1 未组织吊车操作及指挥人员参加现场勘察或勘察后未在作业文本上签字确认。

2 作业现场遇到相对湿度大于 80%、风力大于 5 级及雷、雨、雪、雾、雹时，未停止作业。

3 绝缘斗内的作业人员，其绝缘手套未包裹在绝缘披肩袖口外侧或擅自摘下绝缘防护用具。

4 工器具外观检测不合格或超试验周期。

5 带电车、吊车未按照要求接地。

6 未按照规定遮蔽不足 0.6m 距离的邻相带电体与不足 0.4m 的接地体。

7 未按先近端后远端、先下层后上层的顺序进行绝缘遮蔽，或装、拆绝缘隔离措施时未逐相进行。

8 作业时同时触碰不同的电位体。

3、典型案例

案例 1

防护用具佩戴不规范

某带电立杆工作现场，作业人员未佩戴绝缘防护用具，见图 5-51。该行为违反《国家电网有限公司电力安全工作规程　第 8 部分：配电部分》第 11.6.2 条的规定：作业时，杆根作业人员应穿绝缘靴、戴绝缘手套；起重设备操作人员应穿绝缘鞋或绝缘靴。起重设备操作人员在作业过程中不应离开操作位置。

图 5-51　某带电立杆工作现场

案例 2

绝缘遮蔽措施不规范

某跨越 10kV 带电组立杆作业现场，绝缘遮蔽长度不足，见图 5-52。该行为违反《国家电网有限公司电力安全工作规程　第 8 部分：配电部分》第 11.2.8 条的规定：对作业中可能触及的其他带电体及无法满足安全距离的接地体（导线支承件、金属紧固件、横担、拉线等）应采取绝缘遮蔽措施。

图 5-52　某跨越 10kV 带电组立杆作业现场

案例 3

带电车车体未接地

某带电组立杆作业现场，带电车车体未接地，见图 5-53。该行为违反《国家电网有限公司电力安全工作规程　第 8 部分：配电部分》第 11.7.7 条的规定：绝缘斗臂车的金属部分在仰起、回转运动中，与带电体间的安全距离不应小于 0.9m(10kV)、1.0m(20kV)。工作中车体应使用不小于 16mm^2 的软铜线良好接地。

图 5-53　带电车车体未接地

二、物体打击类风险

1、检查要点

1. 吊车及吊索具的工作负荷是否超铭牌规定。
2. 起吊过程中，受力钢丝绳周围或起吊物下方是否有人逗留或通过。
3. 是否使用金具 U 形环代替卸扣，是否使用普通材料的螺栓取代卸扣销轴。
4. 吊车吊钩是否有防止脱钩的保险装置，挖斗所用吊钩是否有保险装置，有无检测合格报告。
5. 作业人员是否有高空抛物、上下抛掷物品等行为。
6. 斗内人员上、下传递工器具、材料时，是否使用绝缘绳索。

2、常见问题

1. 超铭牌载荷规定使用吊车及吊索具进行作业。
2. 起吊过程中，受力钢丝绳周围或起吊物下方有人逗留或通过。
3. 使用金具 U 形环代替卸扣，使用普通材料的螺栓取代卸扣销轴；吊车吊钩无防止脱钩的保险装置；吊车无限位装置等。
4. 吊车未支好全部支腿，支腿未加垫木或垫木不符合要求。
5. 高空抛物，上下抛掷物品。

6 使用的绝缘斗臂车、吊车是否在检验合格周期内，不得超载使用。在行驶、移位过程中，操作台或绝缘斗内有人员滞留。

3、典型案例

案例

吊车无限位装置

某 10kV 带电更换电杆等作业现场，现场使用的吊车无限位装置，存在吊绳过卷、拉断或吊物坠落伤人风险，见图 5-54。该行为违反《国家电网有限公司电力安全工作规程　第 8 部分：配电部分》第 16.1.3 条的规定：机具的各种监测仪表以及制动器、限位器、安全阀、闭锁机构等安全装置应完好。

图 5-54　某 10kV 带电更换电杆等作业现场

第七节　带负荷直线杆改耐张杆加装柱上断路器

带负荷直线杆改耐张杆加装柱上断路器作业主要涉及触电伤害和物体打击风险。督查人员应对照检查要点对关键安全措施是否落实完善、作业过程是否存在违章进行核查、及时发现并纠正各类违章行为。

一、触电伤害（含高压触电、感应电触电）类风险

1、检查要点

1. 作业前是否检测作业条件，作业现场湿度、风速是否符合要求。
2. 现场勘察时，是否查阅系统及计算作业点后端负荷状况，并记录在册；作业前，是否对作业点后端线路进行测流，并记录在册。
3. 电缆终端拆除后，是否逐相进行充分放电。
4. 开断导线，是否有防止导线脱落的措施。
5. 是否正确穿戴和使用绝缘防护用具。
6. 作业过程中，作业人员是否同时接触两个不同的电位体。
7. 是否采取有效绝缘遮蔽措施。
8. 绝缘斗臂车在起升前是否可靠接地。

2、常见问题

1. 作业现场遇到相对湿度大于 80%、风力大于 5 级及雷、雨、雪、雾、雹时，未停止作业。
2. 绝缘斗内的作业人员，其绝缘手套未包裹在绝缘披肩袖口外侧，或作业过程中擅自摘下绝缘防护用具。
3. 工器具外观检测不合格或超试验周期。
4. 带电车未接地或接地极深度不符合要求。
5. 绝缘遮蔽不完整，未按照规定遮蔽不足 0.6m 距离的邻相带电体与不足 0.4m 的接地体。遮蔽顺序错误，未按先近端后远端、先下层后上层的顺序进行，且拆除时顺序相反；装、拆绝缘隔离措施时未逐相进行。
6. 作业时同时触碰不同的电位体。
7. 开断导线时，未设置防止导线脱落的后备措施。
8. 旁路电缆试验及拆除后，未充分放电。

3、典型案例

案例

作业人员未戴护目镜

某 10kV 某线 #41 杆带电拆引流线作业现场，作业人员未戴护目镜，存在人员电弧灼伤风险，见图 5-55。该行为违反《国家电网有限公司电力安全工作规程　第 8 部分：配电部分》第 11.2.7 条的规定：带电作业，应穿戴绝缘防护用具（绝缘服，绝缘披肩或绝缘袖套、绝缘手套、绝缘鞋、绝缘安全帽等）。带电断、接引线作业应戴护目镜，使用的安全带应有良好的绝缘性能。带电作业过程中，不应摘下绝缘防护用具。

图 5-55　某 10kV 某线 #41 杆带电拆引流线作业现场

二、物体打击类风险

1、检查要点

1　吊车及吊索具的工作负荷是否超铭牌规定。

2　起吊过程中，受力钢丝绳周围或起吊物下方是否有人逗留或通过。

3　是否使用金具 U 形环代替卸扣，是否使用普通材料的螺栓取代卸扣销轴。

4 吊车吊钩是否有防止脱钩的保险装置，挖斗所用吊钩是否有保险装置或及检测合格报告。

5 作业人员是否存在高空抛物、上下抛掷物品等行为。

6 作业过程中，吊件垂直下方是否有人。

7 斗内人员上、下传递工器具、材料时，是否使用绝缘绳索。

2、常见问题

1 超铭牌载荷规定使用吊车及吊索具进行作业。

2 起吊过程中，受力钢丝绳周围或起吊物下方有人逗留或通过。

3 使用金具 U 形环代替卸扣，使用普通材料的螺栓取代卸扣销轴。吊车吊钩无防止脱钩的保险装置；吊车无限位装置等。

4 吊车未支好全部支腿，支腿未加垫木或垫木不符合要求。

5 高空抛物，上下抛掷物品。

3、典型案例

案例

作业现场高空抛物

某公司 10kV 某支线 6# 杆接引流线作业现场高空抛物，存在落物伤人风险，见图 5-56。该行为违反《国家电网有限公司

电力安全工作规程　第 8 部分：配电部分》第 17.1.5 条的规定：高处作业应使用工具袋上下传递材料、工器具应使用绳索的规定。

图 5-56　某支线 6# 杆接引流线作业现场

第八节　绝缘手套作业法带电断、接引线

绝缘手套作业法带电断、接引线作业主要涉及触电伤害和高空坠落风险。督查人员应对照检查要点对关键安全措施是否落实完善、作业过程是否存在违章进行核查、及时发现并纠正各类违章行为。

一、触电伤害类风险

1、检查要点

1　作业前是否检测作业条件，作业现场湿度、风速是否符合要求。

2 断、接引线时是否采取有效绝缘遮蔽措施。

3 是否正确穿戴和使用绝缘防护用具。

4 断、接引线是否有防止引线摆动的措施。

5 作业过程中，作业人员是否同时接触两个不同的电位体。

6 绝缘斗臂车在起升前是否可靠接地。

2、常见问题

1 作业现场相对湿度大于 80% 或风力大于 5 级，不满足作业条件。

2 绝缘斗作业人员未正确穿戴个人绝缘防护用具、佩戴护目镜，工器具无试验标签或超周期。

3 绝缘斗臂车未可靠接地。

4 作业过程中，作业人员擅自摘下绝缘防护用具。

5 作业过程中，操作点距邻相安全距离小于 0.6m、对地安全距离小于 0.4m 时，未采取必要的绝缘遮蔽（绝缘隔离）措施。

6 绝缘遮蔽不严或遮蔽顺序错误，在近边相不满足安全距离且未采取遮蔽措施的情况下，对另一相进行操作。

7 作业过程中，作业人员同时接触两个不同的电位体。

8 斗内人员上、下传递工器具、材料时，未使用绝缘绳索。

9 断、接引线未佩戴护目镜。

3、典型案例

案例

绝缘斗臂车伸缩臂与导线摩擦

某10kV某电杆接引流线作业现场，绝缘斗臂车伸缩臂与导线摩擦，存在人身触电风险，见图5-57。该行为违反《国家电网有限公司电力安全工作规程　第8部分：配电部分》第11.7.7条的规定：绝缘斗臂车的金属部分在仰起、回转运动中，与带电体之间的安全距离不应小于0.9m(10kV)、1.0m(20kV)。

图5-57　某10kV某电杆接引流线作业现场

二、高处坠落类风险

1、检查要点

1. 绝缘斗臂车是否选择适当的工作位置，支撑是否稳固可靠，机身倾斜度是否超过制造厂的规定，必要时是否有防倾覆措施。
2. 使用绝缘斗臂车前是否在预定位置空斗试操作一次，是否确认液压传动、回转、升降、伸缩系统工作正常、操作灵活，制动装置是否可靠。
3. 绝缘斗内是否超载作业。
4. 作业人员登上绝缘斗，是否佩戴安全带并扣牢，工器具是否有试验标签，并在试验周期内。
5. 绝缘斗臂车在行驶、移位过程中，操作台或绝缘斗内是否有人员滞留。

2、常见问题

1. 绝缘斗臂车停放位置不合理，支撑不可靠。
2. 绝缘斗内超载作业。
3. 作业人员登上绝缘斗，未正确佩戴安全带。

3、典型案例

案例

绝缘斗臂车未进行空斗试验

某公司10kV绝缘手套法带电作业现场，作业前未对绝缘斗臂车进行试斗，存在因车辆性能不可靠发生高空坠落风险，见图5-58。该行为违反《国家电网有限公司电力安全工作规程　第8部分：配电部分》第11.7.5条的规定：绝缘斗臂车应选择适当的工作位置，支撑应稳固可靠；机身倾斜度不应超过制造厂的规定，必要时应有防倾覆措施。

图5-58　某公司10kV绝缘手套法带电作业现场

第九节　绝缘杆作业法带电断、接引线

绝缘杆作业法带电断、接引线作业主要涉及触电伤害和高空坠落风险。督查人员应对照检查要点对关键安全措施是否落实完善、作业过程是否存在违章进行核查、及时发现并纠正各类违章行为。

一、触电伤害（含高压触电、感应电触电）类风险

1、检查要点

1. 作业前是否检测作业条件，作业现场湿度、风速是否符合要求。
2. 登杆前是否核对线路名称和杆号。
3. 登杆时杆上工作人员是否规范佩戴防护用具。
4. 断、接引线时，人体与带电体的距离是否保持在 0.4m 以外。
5. 对作业点位置预断、接地设备或已断开相引线是否采取支杆支开或用锁杆锁住等防触碰措施。
6. 操作过程中，使用的绝缘操作杆的绝缘有效长度是否大于 0.7m。

2、常见问题

1. 作业现场相对湿度大于 80% 或风力大于 5 级，不满足作业条件时作业。
2. 作业人员未按要求穿绝缘披肩，戴绝缘帽、护目镜、绝缘手套。
3. 仅一人登杆。
4. 断、接引线时，后备保护绳挂在待 T 接引线的横担上。

5 断、接引线时，人体与带电体的距离不足 0.4m。

6 断、接引线时，引线未采用有效的固定措施。

3、典型案例

案例 1

绝缘杆作业仅 1 人登杆

某 10kV 线路 #59 杆带电搭火现场，应安排 2 名杆上带电作业人员开展的绝缘杆操作法带电 T 接引线作业。而现场仅安排 1 人从事杆上带电作业，一相导线已 T 接，待 T 接相未进行绝缘遮蔽且未固定，导致作业过程中该人员肩颈部位触碰到待 T 接相(因线路感应电，待 T 接相应视为带电体)，有较大安全风险，见图 5-59。该行为违反了《国家电网有限公司电力安全工作规程　第 8 部分：配电部分》第 11.3.5 条的规定：带电接引线时触及未接通相的导线前，或带电断引线时触及已断开相的导线前，应采取防感应电措施。

图 5-59　某 10kV 线路 #59 杆带电搭火现场

案例 2

待 T 接相触碰到作业人员未穿戴绝缘防护用品部位

某 10kV 线路 #035 杆某街道办事处专用变压器带电接引线作业现场，现场一相导线已 T 接。作业过程中，待 T 接相触碰到作业人员未穿戴绝缘防护用品的部位（因线路感应电，待 T 接相应视为带电体），存在触电风险，见图 5-60。该行为违反《国家电网有限公司电力安全工作规程　第 8 部分：配电部分》第 11.3.5 条的规定：带电接引线时触及未接通相的导线前，或带电断引线时触及已断开相的导线前，应采取防感应电措施。

图 5-60　某街道办事处专用变压器带电接引线作业现场

案例 3

降雨时仍开展带电作业

某 35kV 线路后井分支 #13 杆消缺现场，作业人员带电接跌落式熔断器上引线。降雨时仍开展带电作业，存在人身触电风险，见图 5-61。该行为违反《国家电网有限公司电力安全工作规程　第 8 部分：配电部分》第 9.1.5 条的规定：带电作业应在良好天气下进行，作业前须进行风速和湿度测量。风力大于 5 级或湿度大于 80% 时，不宜带电作业。若遇雷电、雪、雹、雨、雾等不良天气，禁止带电作业。

图 5-61　某 35kV 线路后井分支 #13 杆消缺现场

二、高处坠落类风险

1、检查要点

1　断、接引线时，待用绝缘操作杆是否有专用支架或绳索可靠悬挂和固定。

2　登杆时，是否规范使用安全带和后备保护绳，换位时是否失去保护。

3　登杆塔前，检查杆根、基础和拉线是否牢固。

4　检查登高工具、设施（如脚扣、升降板、安全带、梯子和脚钉、爬梯、防坠装置等）是否完整牢靠。

2、常见问题

1　攀登有冲刷、起土、上拔或导（地）线、拉线松动的杆塔时，未培土加固，未安装临时拉线或支好架杆。

2 攀登有横向裂纹的电杆。

3 攀登杆基未完全牢固或未做好临时拉线的新立杆塔。

4 手持器材、材料上下杆塔或在杆塔上移位。

5 利用绳索、拉线上下杆塔或顺杆下滑。

6 换位时短时失去保护。

3、典型案例

案例

带电作业人员下杆时未使用安全带

某 10kV 专线带电 T 搭火（绝缘杆作业法）现场，带电作业人员下杆时未使用安全带。翻越杆上附挂的通信线路时，一只脚扣掉落，失去安全防护，有较大高处坠落风险，见图 5-62。该行为违反《国家电网有限公司电力安全工作规程　第 8 部分：配电部分》第 19.2.4 条的规定：作业人员作业过程中，应随时检查安全带是否拴牢。高处作业人员在转移作业位置时不应失去安全保护。

图 5-62　某 10kV 专线带电 T 搭火作业现场